니를 돋보이게 하는 퍼스널 컬러 찾기

먼지나방의

퍼스널 컬러

PERSONAL COLOR

먼지나방의 **퍼스널 컬러**

Copyright ©2024 by Youngjin.com Inc.
B-1001, Gab-eul Great Valley, 32, Digital-ro 9-gil, Geumcheon-gu, Seoul, Republic of Korea
All rights reserved. No part of this book may be reproduced or transmitted in any form or by any means, electronic or mechanical, including photocopying, recording or by any information storage retrieval system, without permission from Youngjin.com Inc.

ISBN 978-89-314-6699-7

독자님의 의견을 받습니다.

이 책을 구입한 독자님은 영진닷컴의 가장 중요한 비평가이자 조언가입니다. 저희 책의 장점과 문제점이 무엇인지, 어떤 책이 출판되기를 바라는지, 책을 더욱 알차게 꾸밀 수 있는 아이디어가 있으면 팩스나 이메일, 또는 우편으로 연락주시기 바랍니다. 의견을 주실 때에는 책 제목 및 독자님의 성함과 연락처(전화번호나 이메일)를 꼭 남겨 주시기 바랍니다. 독자님의 의견에 대해 바로 답변을 드리고, 또 독자님의 의견을 다음 책에 충분히 반영하도록 늘 노력하겠습니다.

주 소 : (우)08512 서울특별시 금천구 디지털로9길 32 갑을그레이트밸리 B동 1001호
이메일 : support@youngjin.com
※ 파본이나 잘못된 도서는 구입처에서 교환 및 환불해드립니다.

STAFF

저자 김지현 | **총괄** 김태경 | **진행** 김연희 | **디자인·편집** 김효정
영업 박준용, 임용수, 김도현, 이윤철 | **마케팅** 이승희, 김근주, 조민영, 김민지, 김진희, 이현아
제작 황장협 | **인쇄** 예림

나를 돋보이게 하는 퍼스널 컬러 찾기

먼지나방의

퍼스널 컬러
PERSONAL COLOR

김지현 저

YoungJin.com Y.
영진닷컴

저자의 말

어린 시절, 인형에게 옷을 갈아 입히면서 예쁘게 꾸며주는 것이 좋았던 저는 미술 대학을 졸업한 후 화장품 회사에 입사하여 마케팅 팀에서 소위 '애드버'라고 불리는 화보 촬영 현장에 참여한 이후로 한 가지 의문점이 생겼습니다.

> '왜 저 스타일리스트는 모델에게 푸른 색상을 입혔을까?
> 브라운 색상이 더 괜찮지 않았을까?'

> '사진 색감이 좀 더 노르스름하면서
> 채도가 높았다면 더 잘 어울리지 않을까?'

> '신제품 콘셉트에 맞추려면 계약되어 있는 모델보다는
> 신규 모델이 더 낫지 않을까?'

> '만약 기존 모델을 활용해야 했다면,
> 신제품의 케이스 컬러가 다른 색이었다면 어땠을까?'

당시 회사를 다니며 소소하게 사진을 찍고 화장품과 관련된 리뷰를 올리며 블로그를 운영하던 저는 강한 호기심이 생겼습니다. '현장에서 생기는 모든 과정들을 내가 직접 디렉팅 해보면 어떨까?'하고 말이죠.

스스로를 어떤 방식으로 꾸며야 아름다움이 극대화될 수 있는지, 어떤 각도로 사진을 찍어야 나의 단점이 보완되면서 장점을 표출할 수 있는지 알지 못하는 사람들이 생각보다 많았습니다. 그렇게 퍼스널 컬러 컨설팅을 하게 되었고 투잡으로 진행하던 소일거리가 점점 늘어나면서 지금의 사업체가 되었습니다.

컨설팅 혹은 유튜브 채널을 통해 많은 사람과 이야기를 나누다 보면 흔히들 '퍼스널 컬러는 상술'이며, '계절별로 해당하는 톤이나 컬러는 명확하게 존재하지 않는다'라고 이야기합니다. 혈액형이 A형인 사람이 모두 소심한 성격이 아니듯, B형인 사람들이 모두 다혈질이 아니듯, 퍼스널 컬러에 해당되는 4가지나 8가지 혹은, 12

가지 타입 역시 일종의 평균치와 기준점에 해당할 뿐이죠. 퍼스널 컬러는 통계학에 가까우며 인생에 있을 중요한 상황에서 시너지 효과를 내도록 도와주는 디테일한 요소 중 하나입니다. 퍼스널 컬러는 말 그대로 '퍼스널' 컬러입니다. 개개인마다 이목구비, 스타일링, 체형이 다르듯 어울리는 디테일한 톤과 컬러 역시 해당 계절의 타입이더라도 저마다 다릅니다. 이것이 모든 사람을 하나의 스타일과 계절로 묶을 수 없는 이유입니다.

대체적으로 퍼스널 컬러를 얕게 접했을 때 나타나는 편견 중 잘못된 부분은 '피부가 노랗고 까무잡잡하다=웜톤 / 피부가 밝다=쿨톤' 혹은 '한국인=동양인=동양인은 노랗다=웜톤'이라는 정보입니다. 이 고정관념대로라면 흑인은 웜톤, 백인은 쿨톤, 동양인은 웜톤이어야 합니다. 하지만 직접 드레이핑 천을 민낯에 대어 보고 진단을 하면 꼭 그렇지만은 않습니다.

일부 사람들이 자신에게 어울리는 컬러를 반대로 알고 있고 생각보다 컬러에 대한 편견이 있어 '나는 이 컬러가 아니면 안 어울려!' 혹은 '나는 이 컬러는 싫어'라고 말합니다. 저는 이런 사람들을 직접 컨설팅하면서 심리적인 부분과 시각적인 부분에 대해 많은 것들을 깨트리고자 노력을 기울이고 있습니다. 그 노력의 일부 중 하나가 이 책을 쓰는 이유이기도 합니다.

많은 분이 컬러의 기초나 퍼스널 컬러 이론에 관심을 가지기보다 단순히 나에게 어울리는 컬러, 어울리는 립스틱 색과 같은 질문에만 포커스를 맞추는데, 퍼스널 컬러 사계절 이론을 이해하기 위해서는 무조건 색에 대한 기본적인 이해가 동반되어야 합니다. 색을 보는 눈이 아예 없거나 명도, 채도와 같은 기초에 대해 하나도 알지 못한 상태에서 접근하게 되면 오히려 알고 있는 것들마저도 뒤죽박죽 섞여 이도 저도 아니게 됩니다. 심지어 나중에는 나에게 정말 어울리는 게 뭔지 헷갈리게 됩니다.

'내가 바르고 싶은 화장품을 바르고 입고 싶은 컬러의 옷을 입으면 되지 도대체 퍼스널 컬러와는 무슨 상관이 있나요?'라고 묻는 분들도 있습니다. 물론 틀린 말은 아닙니다. 하지만 사람에게는 고유한 개성과 매력이 있습니다. 그것들을 한층 더 끌

어울릴 수 있도록 도와주는 것, 훨씬 더 돋보이고 매력적으로 보일 수 있도록 알려주는 것이 바로 퍼스널 컬러가 존재하는 이유입니다.

이 책은 뷰티 업계에서 일한 경력과 사업체를 운영하며 겪어온 실무 경험을 바탕으로 집필하였습니다. 총 7가지 파트로 나누어져 있으며, 퍼스널 컬러란 무엇인가부터 색과 톤/사진/향수에 이르기까지 여러 분야에 대해 소개하고 있습니다. 더 나아가 퍼스널 컬러를 사진과 접목시켰을 때 나타나는 시너지에 대한 이야기들, 그리고 컬러와 톤을 활용하는 가이드를 보기 쉽게 정리했습니다.

이를 통해 계절별 타입에 얽매이거나 한 가지 컬러에 집착하기보다는 퍼스널 컬러의 이론을 참고하여 자신에게 잘 어울리는 컬러와 스타일을 찾기 바랍니다. 또한, 퍼스널 컬러뿐만 아니라 사진, 더 나아가 디렉팅 분야까지 흥미를 두었으면 좋겠습니다.

책이 나오기까지 묵묵히 옆에서 조언해 주신 부모님, 응원해 준 친구들과 사업자 패밀리, 스토그래피 식구들, 늘 관심 가져 주시는 유튜브 구독자 초미님들과 블로그 팬들, 마지막으로 책이 나올 수 있도록 도와주신 출판사 관계자분에게 감사의 마음을 전합니다.

스토그래피 대표 김지현

목차

나를
돋보이게
하는
퍼스널 컬러

퍼스널 컬러의 정의와
퍼스널 컬러의 분류법에 대해 소개합니다.
작은 차이가 어떠한 큰 변화를 가져오는지
차근차근 알아보세요.

01
나를 드러내는
Personal Identity

퍼스널 컬러는 '태어날 때부터 가지고 있는 신체 색상 즉, 피부색 및 헤어 컬러, 눈동자 색 등과 함께 어우러져 자신을 돋보이게 하여 시너지를 내는 컬러'를 뜻합니다. 잘 어울리지 않는 컬러를 매칭했을 때는 피부 톤이 균일하게 보이지 않으며 잡티가 많아 보이고 칙칙해 보이는 반면, 잘 어울리는 컬러를 매칭하면 생기가 돌며 화사해 보입니다. 많은 사람은 어떤 컬러와 톤이 자신에게 어울리는지 알지 못한 채 스타일링을 하고 있습니다. 이 때문에 본래의 모습보다 나이 들어 보이기도 하고 피부 톤이 어두워 보이기도 합니다.

사람을 볼 때 가장 먼저 보게 되는 것은 당연히 얼굴입니다. 그중에서도 가장 면적이 넓은 부위인 피부색을 주로 보기 때문에 퍼스널 컬러 진단에서는 피부색을 근본으로 두고 테스트를 합니다. 이 진단 과정을 통해 개인의 피부 톤과 색을 분석한 후 어울리는 컬러와 어울리지 않는 컬러를 가려낼 수 있습니다. 이를 통해 불필요한 소비뿐만 아니라 여러 가지 시행착오의 단계를 줄일 수 있습니다. 나아가 색에 대한 편견이 사라지고 개인의 라이프 스타일, 본인이 원하는 포지셔닝에 따라 색상과 톤을 다양하게 활용할 수 있게 되어 외모뿐 아니라 내면의 아름다움까지 자신 있게 가꿀 수 있게 됩니다.

퍼스널 컬러는 학문으로 인정되지 않고 실용 컬러라 불리는데, 이는 컬러를 보는 이의 주관이 들어가기 때문입니다. '웜톤인 사람에게는 갈색이 어울린다.' '각진 얼굴형에는 숏컷 헤어 스타일이 어울린다.'와 같은 스타일링에 관련된 부분 역시 모두 개인의 주관적인 의견이 들어가 있고 이런 부분들은 굉장히 복합적인 요소가 뒤따르고 있습니다. 우리 눈은 빛의 파장에 따라 색을 인식하기 때문에 사람마다 색을 보는 차이가 존재하며, 자신의 경험치에 따라 색을 판단하기도 합니다. 퍼스널 컬러 전문가는 일반인에 비해 색을 보다 객관적으로 볼 수 있는 눈을 가진 사람이고 그것을 토대로 컨설팅을 도와주는 가이드의 역할을 하는 사람이라고 생각하면 됩니다.

작은 차이가 디테일을 만든다

우리는 개인에게 어울리는 분위기, 풍기는 느낌 등으로 그 사람의 이미지를 결정하곤 합니다. 여기에서 시각적인 요소(컬러)는 매우 중요하게 작용합니다. 컬러는 특히 첫인상이 중요한 자리에서 진가를 발휘합니다. 그 뿐만 아니라 환경, 인테리어, 제품, 패션, 뷰티, 광고 심리, 마케팅 등 여러 분야에 응용되고 있습니다.

▲ 봄 라이트 타입의 사진 촬영 비포/애프터

PI는 President Identity의 약자로서, 최고경영자의 이미지 컨설팅을 의미하지만 현재는 Personal Identity인 하위 개념에 속합니다. 원래대로의 PI는 최고경영자의 이미지 컨설팅뿐만 아니라 작은 제스처, 말투 그리고 퍼스널 쇼퍼의 역할까지 해야 하지만 저의 경우 그 방식을 최소화하여 결과치를 '사진'으로 보여 주고 있습니다.

촬영 전 미리 퍼스널 컬러 컨설팅을 통해 자신에게 어울리는 컬러와 그렇지 않은 컬러를 먼저 파악하고 그것을 토대로 사진에 적용해 최상의 퀄리티를 낼 수 있도록 하고 있는데, 이 때문에 촬영 전 퍼스널 컬러 컨설팅 작업을 중요하게 여기고 있습니다.

저는 오랫동안 화장품 회사 마케팅팀에서 근무하면서 촬영 시즌마다 '왜 사람들의 컬러와 톤에 맞춰 제품을 출시하는게 아니라 유행하는 컬러와 톤에 사람을 끼워 넣을까?'라는 강한 의문이 들었습니다. 이런 의문을 해소하고 사람들에게 자신과 어울리는 컬러를 찾아주고 싶어 스튜디오를 오픈하게 되었습니다. 퍼스널 컬러 진단은 물론 사진 촬영을 하기 위해 많은 분들이 스튜디오를 찾아 주셨는데, 대부분의 사람이 검정, 회색, 흰색의 옷을 많이 입고 왔습니다. 단지 무난하다는 이유만으로요. 여기서 의문이 듭니다. 과연 그 옷들은 정말 모두에게 무난한 옷일까요? 단지 무채색이라는 이유 하나만으로? 퍼스널 컬러 이론에 비추어 봤을 때 무채색이라고 해도 무채색 계열이 잘 어울리는 사람이 있는 반면, 얼굴이 칙칙하고 우중충해 보이는 사람이 존재합니다. '단순히 난 예쁘니까', '사진을 보정하면 되니까'라는 생각으로 굳이 어울리지 않는 컬러와 톤을 배치할 필요는 없습니다. 어떤 분들에게는 매우 사소한 부분이라고 느껴질지 모르겠으나, 이러한 부분들이 쌓여 큰 시너지 효과를 발휘하게 됩니다. 개개인에게 어울리는 컬러와 톤은 반드시 존재하며, 이런 사소한 포인트들이 모여 작품의 퀄리티에 큰 영향을 주게 됩니다.

▲ 가을 웜톤 타입의 사진 촬영 비포/애프터

예시 사진의 고객은 가을 웜톤에 해당합니다. 이분이 블랙 컬러의 옷을 입었다면 사진의 느낌은 어땠을까요? 푸르스름한 사파이어 블루 컬러의 의상을 입었다거나 쿨한 컬러의 메이크업을 했다면요? 이 사진은 무려 9년 전에 촬영된 사진입니다. 이처럼 개인에게 어울리는 컬러와 톤을 사용하면 오랜 시간이 흘러도 촌스럽거나 이질적인 느낌이 전혀 나지 않습니다. 많은 분들이 이러한 과정을 통해 본인 스스로가 가지고 있는 색에 대한 고정 관념과 편견을 없애고 더 나은 라이프 스타일을 즐길 수 있었으면 좋겠습니다.

03

좋아하는 색과
어울리는 색은 다르다

대부분의 사람은 자신이 좋아하는 색이 나에게 잘 어울린다고 생각합니다. 반대로, 내가 싫어하는 색은 나와 잘 어울리지 않는다고 여깁니다. 내가 좋아하는 컬러나 특정 색에 대한 좋고 나쁨이 정해지는 것은 본인이 가지고 있는 색에 대한 기억, 경험, 의미, 성격 등의 이유 때문입니다. 사람들의 색 선호 경향은 크게 웜 컬러와 쿨 컬러로 나누어지게 되는데, 이 선호도에 따라 스타일링과 메이크업 무드 등이 바뀌게 됩니다.

색상과 톤은 평소 익숙한 것에 더 눈과 마음이 가기 때문에 예를 들어, 평소에 검은색을 선호한다면 검은색이 자신의 베스트 컬러가 아닐지라도 잘 어울린다는 착각에 빠질 수 있습니다. 이처럼 '색'이라는 것은 선호도에 따라 좋고 싫음의 구분이 나뉘기 때문에 개인의 특성에 맞춰 색을 볼 줄 아는 전문가에게 도움을 받는 것이 가장 좋은 방법이며, 끌리는 톤을 고르기보다는 피부 톤이 건강해 보이는 컬러의 옷을 찾아야 합니다. 피부 톤이 건강해 보이며 나에게 잘 어울리는 컬러의 조건은 다음과 같습니다. 자신과 잘 어울리는 색상의 천을 대보았을 때 그 색의 반사 효과로 인해서 잡티 없이 피부가 깨끗해 보이며 실제 나이보다 젊어 보이고 눈동자색이 선명하면서 인상이 또렷해 보여야 합니다. 자신에게 어울리는 톤을 찾는 가장 좋은 방법은 가능한 많은 컬러의 옷을 대보며 어울리는 컬러와 톤을 알아가는 것입니다. 또한 컬러를 볼 때 차가운 색, 따뜻한 색으로 구분을 지어보고 중성색을 보는 연습을 해두는 것이 좋습니다.

옷과 메이크업은 큰 차이가 있는 것은 아니지만 같은 톤 안에서 구분이 다를 수 있습니다. 예를 들어, 오렌지 컬러의 옷이 웜스트인 사람이 비비드 톤의 오렌지 컬러 립스틱을 그러데이션하여 입술에 발랐을 경우, 베스트는 아니더라도 옷과 함께 코디한다면 나쁘지 않게 보일 수 있습니다. 이처럼 색이 차지하는 면적에 따라 어울리고 아니고의 차이가 발생할 수 있습니다.

퍼스널 컬러는 각 계절 안에서도 두 타입씩, 총 여덟 가지 타입으로 나누어져 있습니다. 자신과 알맞은 퍼스널 컬러를 명확하게 구분 짓는 것도 중요하지만 대략적으로 '나는 이런 컬러가 잘 어울리는구나'하고 참고할 수 있을 정도의 진단으로도 충분합니다. 명확하게 계절과 타입이 딱 알맞은 경우보다는 걸쳐 있는 타입이 더 많기 때문입니다.

자신이 전체적으로 차가운 계열 색상이 잘 받는다면 쿨톤이 맞습니다. 하지만 쿨톤이라고 생각했는데 브라운 컬러도 잘 받는다는 느낌이 든다면요? 브라운도 톤에 따라 다르기 때문에 블랙이 많이 가미되어 있거나 짙은 톤일 경우에는 쿨톤이더라도 어울릴 수 있습니다. 대신, 완연한 타입의 쿨톤이라면 브라운이 어울리기 힘듭니다. 이 경우 쿨톤이라고 하더라도 자신과 가장 잘 어울리는 베스트 컬러와 함께, 최상은 아니지만 베이직 컬러로 구분하여 배치할 수 있습니다.

사람의 피부 컬러는 모두 동일하지 않으며, 정확히 타입이 나뉘는 사람보다 계절이 걸쳐 있는 사람이 많습니다. 자외선이 피부에 일정한 양으로 동일한 부위에 닿는 게 아니며, 몸의 부위마다 피부 컬러가 다르기 때문에 쿨톤이라고 해서 쿨톤에 해당하는 모든 컬러들이 잘 어울릴 수는 없습니다. 같은 노란색이더라도 나에게 어울리는 노랑이 있고 어울리지 않는 노랑이 있습니다. 이처럼 색이라는 것은 정말 다양하며, 색에 대해 더 많이 알게 될수록 활용 범위가 넓어집니다. 화사한 색상, 페일한 색상의 옷을 입고 싶지만 어울리지 않는다면 상의가 아닌 하의쪽으로 시선을 분산하여 매치하거나 혹은, 다른 딥한 톤의 컬러들과 매치한다면 훨씬 세련된 느낌으로 스타일링할 수 있답니다. 자신의 퍼스널 컬러에 얽매어 한정된 색만 사용하는 것보다는 다양한 색상을 응용해 보세요. 옷을 입을 때나 메이크업할 때는 색이 차지하는 '면적'의 비율이 중요하다는 것, 꼭 명심하세요.

04

웜톤 / 쿨톤 / 뉴트럴톤

노란 피부색은 '웜', 붉은 피부에 가까운 색은 '쿨'의 대표 색상입니다. 인간의 피부에서 푸른빛이 돌면 핑크 계열의 색상이 되는데, 여기서 핑크색은 푸른 기가 있는 자주색을 아주 밝게 만든 색입니다.

| 옐로 베이스 | 옐로 베이지 | 노란 주황 | 주황 | 붉은 주황 | 핑크 베이지 | 핑크 베이스 |

한국인 중에 옐로 베이스도, 핑크 베이스도 아닌 중간색이 있는데 그걸 스토 그래피에서는 주황색 피부로 분류합니다. 주황색을 만들기 위해서는 노랑과 빨강이 필요한데, 이때 노란 쪽으로 치우치면 웜, 붉은 쪽으로 치우치면 쿨이 라고 합니다. 올리브빛 피부도 간혹 존재하지만 남미 쪽에 더 많습니다. 인터 내셔널 브랜드에는 올리브빛 베이스가 있지만, 국내 브랜드에서는 찾아보기 힘든 이유가 이 때문입니다.

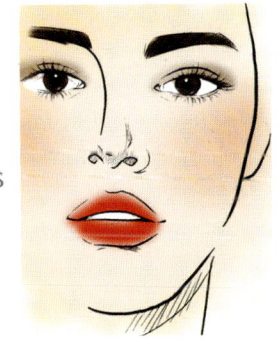

붉거나
푸르스름하면?
쿨톤

VS

노랗거나
황색, 싱아색
웜톤

색채학에는 유사조화와 대비조화가 있습니다. 스토그래피에서 말하는 퍼스널 컬러의 기본은 유사조화 즉, 비슷한 것끼리 어우러지는 것을 알려 주는 것이 기본 베이스입니다. 노란 피부를 가진 사람에게는 노란 기운이 가미된 컬러를, 붉은 피부를 가진 사람에게는 푸른 기운이 가미된 컬러를 추천합니다. 그러나 사람에 따라서 피부에 있는 색을 빼주는 것이 나은 경우도 있습니다. 지나치게 노란 피부이거나 너무 붉은 피부일 때는 오히려 반대의 색상을 사용해서 색을 정돈해 주는 것입니다. 대체적으로는 붉은 편이면 쿨, 노란 편이면 웜으로 분류하지만 앞서 얘기했던 것처럼 꼭 100% 그런 것은 아니라는 겁니다.

결국 중요한 것은 '유사조화와 대비조화 중 뭐가 맞느냐'가 아니라 '어떤 조화를 통해 사람을 얼마나 효과적으로 스타일링할 수 있는가'입니다. 이 부분은 PART 2에 나올 사계절 퍼스널 컬러 예시 중 퍼스널 컬러를 토대로 촬영한 개인 화보 컷들을 보며 설명하도록 하겠습니다.

인종에 관계없이 인간의 기본 피부색 범위는 주황색 빛이 비치는 빨강에서 주황색 빛이 비치는 노랑까지 해당됩니다. 피부 컬러와 관련된 논문들을 살펴보면 일부 아프리카(흑인), 유럽인, 북미쪽은 피부색이 붉은 쪽으로 많이 기울어져 있고 일부 아시아, 지중해 연안 쪽은 노란 쪽으로 기울어져 있다고 합니다. 같은 동양인이더라도 노란 느낌이면서 살구빛이 돌거나 아이보리 빛이 도는 피부색이 있는가 하면, 붉은 빛이 감돌아 핑키한 느낌이 드는 피부색도 있습니다. 이처럼 개개인의 피부는 밝은 피부색, 어두운 피부색, 중명도에 해당하는 피부색 등 밝기, 질감이 전부 다릅니다.

많은 분들이 피부 톤에 대해 말할 때, 본인이 속한 집단 내에서 '내 피부는 붉은 편이야, 노란 편이야 혹은 밝은 편이야, 어두운 편이야'라고 판단합니다. 피부 톤을 판단할 때는 좀 더 객관화된 수치를 토대로 판단하는 것이 좋은데, 그 객관적인 수치를 보기 위해서는 피부 측색이 필요합니다. 그러나 피부 측색만으로는 내 피부 톤이 어떤 컬러인지 쉽게 알기 힘들기 때문에 여기서 더 나아가 많은 인원의 피부 톤 수치 평균 데이터가 필요합니다. 따라서 스토그래피는 퍼스널 컬러 컨설팅 시 이 수치 통계를 기반으로 사계절 타입과 피부 톤의 평균값을 산출하여 설명해 드리고 있습니다.

제가 퍼스널 컬러를 약 10년 동안 연구하고 컨설팅하여 나온 통계 값을 예로 들어보자면, 10명 중 7명이 노란 피부를 가졌을 때 실제 드레이핑 시 웜톤이 나올 확률이 높았고, 10명 중 7명이 붉은 피부를 가졌을 때 실제 드레이핑 시 쿨톤이 나올 확률이 높았습니다. 물론 그중에서도 3명 정도의 비율로 붉은 피부를 가졌으면서 웜으로 나오는 경우도 있었고, 노란 피부를 가졌으면서 결과는 쿨로 나오는 경우도 있었습니다. 이것은 피부 트러블, 계절 등의 영향을 받은 것으로 퍼스널 컬러는 확률적인 부분이 높게 나온 측정값으로 인지하도록 합니다.

흔하지는 않지만 뉴트럴톤도 있습니다. 패션과 인테리어에서는 일반적으로 중립적인 컬러 즉, 난색과 한색 어느 것에도 속하지 않는 컬러나 무채색을 뜻합니다. 퍼스널 컬러에서는 일반적으로 웜과 쿨 구분 없이 다 잘 어울리는 분들을 뜻합니다. 저는 아직까지 퍼스널 컬러 진단 컨설팅을 진행하면서 뉴트럴 톤은 한 분도 보지 못했지만, 일부 논문에서는 혼혈 타입에서 볼 수 있다고 언급하고 있습니다.

컬러는 신체나 인종의 차이는 물론 각 나라의 문화, 그 나라 사람들의 정서, 전통과 환경에도 영향을 받습니다. 어린 시절부터 사용하는 언어와 사고의 영향, 자신의 개인적인 경험치에 따라 색을 판단하기도 하며 스스로 경험하고 배우기도 합니다. 검정이 잘 어울린다고 생각해서 검정 계열의 옷만 입는다면 검정이 베스트 컬러가 아니더라도 스스로 잘 어울린다고 인식할 수 있고, 그것을 자주 본 주변 지인들 또한 그 사람은 검은색이 잘 어울리는 사람으로 생각할 확률이 높습니다. 실제로 인간의 눈은 자주 보고 익숙해진 컬러에 적응하게 되어 있기 때문입니다.

먼지나방의 한마디

기본적으로 개개인이 가지고 있는 피부의 베이스 컬러는 변하지 않습니다. 블루 베이스가 잘 어울리는 피부 톤의 사람이 태닝을 했다고 하여 갑자기 옐로 베이스가 잘 어울리는 타입으로 변하지 않습니다. 하지만 태닝으로 인해 '어울리는 톤'의 스펙트럼이 변할 수는 있습니다.

사계절로
나눈
퍼스널 컬러

퍼스널 컬러의 사계절 특징과 함께
꼭 알아야 할 기본 지식인 '톤'
그리고 색체계의 기준점에 대해 소개합니다.

KS / PCCS의 차이점

퍼스널 컬러를 배우기 위해서는 먼저, KS와 PCCS가 무엇인지 알아야 합니다. 이것은 무척이나 중요합니다. 어떤 색채계를 사용하느냐에 따라 퍼스널 컬러 진단 결과가 달라짐은 물론, 색을 보는 시각도 달라지기 때문입니다.

우리나라에서 생각하는 남색(PB)의 기준은 어두운 파랑에 가까운 색상이지만, 다른 나라에서는 청빛이 많이 감도는 비비드한 파란색을 남색이라고 인식합니다. 왜 이런 현상이 생기는 걸까요?

▲ 한국 KS 기준의 남색/다른 나라 기준의 남색

바로 색에 대한 사회 문화, 관념, 기후와 풍토, 그 나라 국민의 색채 선호도와 감정이 다르기 때문입니다. 한국의 경우 '신뢰'라는 단어를 생각했을 때 떠오르는 색은 블루와 그레이 계열입니다. 일반적으로 은행의 로고 컬러를 생각해 보세요. 확실히 돈을 상징하는 황금색이나 블루, 그레이 계열이 많습니다.

▲ 한국의 은행 로고 색상

일본의 경우 '신뢰'를 상징하는 컬러는 그린입니다. 주로 은행이나 정당 로고를 표현할 때 그린 계열을 많이 사용합니다.

▲ 일본의 은행/정당 로고 색상

이처럼 각 나라마다 색을 인지하는 생각이 다르기 때문에 한국인과 외국인이 보는 색이 다를 수밖에 없습니다. 따라서 나에게 익숙한, 내가 살고 있는 나라의 색채계를 기준으로 생각하는 것이 좋습니다.

KS 색체계는 먼셀 색체계(Munsell Color System)를 기반으로 총 15개의 색상과 10단계의 명도, 14단계의 채도로 구성돼 있습니다. PCCS

(Practical Color Coordinate System) 색체계는 일본색채연구소에서 만들어진 것으로 24개의 색상, 17단계의 명도, 9단계의 채도로 나누어집니다.

▲ KS와 PCCS의 차이

현재 한국은 한국산업표준으로 정의한 KS 분류와 산업자원부의 지원을 받아서 개발된 IRI색채디자인연구소의 색체계가 있습니다. IRI 분류와 KS의 분류 역시 톤의 차이가 있으므로, 가장 중요한 것은 컬러를 봤을 때 선택한 톤이 어떤 톤 정도가 되는지를 파악할 수 있어야 합니다. 일본의 PCCS는 사계절 컬러를 기본으로 두고 있는 시스템입니다. 일본색채연구소가 제안한 배색체계이며, 이 사계절 컬러는 계절의 색상 변화에 따라 색을 분류합니다. 사실상 많은 실무 퍼스널 컬러 교육에서는 PCCS를 사용하고 있으나 현재 국가 공인자격증 시험인 컬러리스트 자격증 시험에서는 KS 표준 색채를 사용하고 있습니다.

KS와 PCCS는 기본 톤부터 차이가 있습니다. KS는 물감색의 혼합 비율을 기준으로 하고 있기 때문에 일본 색체계인 PCCS와 비교했을 때 채도 부분에서 가장 큰 차이가 나타납니다.

– 한국에 없는 일본의 톤 : 브라이트(b)
– 일본에 없는 한국의 톤 : 화이티시(wh), 블랙키시(bk)

일본에서의 브라이트 톤은 KS 기준 vv톤과 lt톤 사이 정도의 느낌이라 보면 되고, 한국에서의 화이티시 톤은 PCCS 기준 p톤과 흡사하다고 보면 됩니다.

앞서 KS와 PCCS는 채도 부분에서 꽤나 큰 차이가 있다고 언급했습니다. 일본은 섬나라이며 기본적으로 일조량은 낮고 강수량은 높습니다. 그렇기 때문에 공기 중에 습기가 많아 사진을 찍으면 묘하게 탁하거나 빈티지하게 나타납니다. 이러한 환경적인 특징 때문에 일본에 살고 있는 사람들에게는 '회색'이라는 색감이 익숙합니다. 그래서인지 일본에는 dkg톤은 있어도 bk톤은 없습니다. 전체적으로 채도의 차이 즉, 회색이 섞인 톤이 더 많이 느껴지는 색체계가 바로 PCCS입니다.

먼지나방의 한마디

제가 일본 출장을 갔을 때의 일입니다. 립스틱을 사러 화장품 코너에 가서 점원에게 핫핑크 계열 립스틱을 추천해 달라고 했는데 자꾸 레드 핑크처럼 보이는 색을 꺼내 주더군요. 그 이유가 바로 KS와 PCCS의 차이였단 걸 후에 깨닫게 되었습니다.

KS 레드

PCCS 레드

02

색의 기본

색은 말 그대로 빨간색, 보라색, 파란색, 노란색, 주황색과 같은 '색'을 의미하며 이 색들은 KS 기준 빨강, 보라, 파랑, 노랑, 주황으로 볼 수 있습니다. 톤은 크게 명도와 채도로 나누어집니다. 이때 '톤이 같다'라는 말은 명도와 채도가 같다는 의미입니다. 색상/명도/채도는 모두 다른 개념이므로 이 세 가지를 혼동하지 않도록 합니다.

색은 빛이 우리의 눈에 들어와 뇌에 전달됨으로써 생기는 감각으로, 빛의 파장에 따라 색이 인식됩니다. 실제로 어두컴컴한 지하실에서 혹은, 불이 꺼진 건물에서는 색이 보이지 않는데 이것은 바로 빛을 통해 색을 느끼고 있기 때문입니다. 또 빛의 색에 따라 물건의 색이 다르게 보이기도 합니다.

SNS에서 논란이 된 드레스 색상 논쟁을 다들 본 적이 있으시죠? 여러분은 아래 드레스가 무슨 색으로 보이시나요?

▲ 출처 : SNS Tumblr Swiked.

4가지 색체계

인간의 눈으로 식별 가능한 색의 수는 약 200만 가지라고 합니다. 이렇게 많은 컬러들을 객관적으로 보기는 당연히 어렵습니다. 따라서 필요한 것이 바로 기준점입니다. 이 기준점을 체계화하기 위해 노력한 결과, 나라마다 서로 다른 색채 시스템이 개발되었습니다.

색채 시스템(색체계/표색계)은 크게 먼셀, 오스트발트, NCS, CIE 4가지 색체계로 나누어져 있습니다.

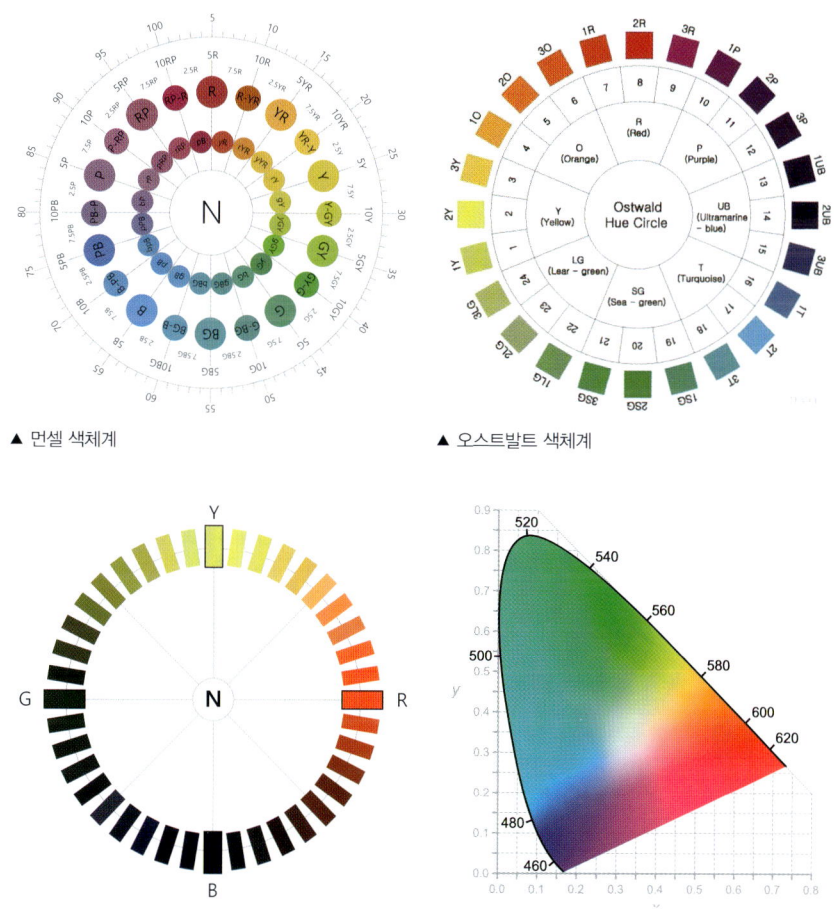

▲ 먼셀 색체계

▲ 오스트발트 색체계

▲ NCS 색체계

▲ CIE 색체계

이 방대한 색의 수를 분류하는데 일일이 색 이름을 붙일 수 없기 때문에 색체계(표색계)가 중요하며, 색의 커뮤니케이션과 정확한 관리를 위해서는 과학적인 표색 방법을 사용해야 합니다. 이 표색의 방법에는 여러 가지가 있는데 그중 먼셀, 오스트발트, CIE(국제조명위원회) 색체계가 흔히 쓰입니다.

특히, 미국의 먼셀에 의해 만들어진 색체계인 **먼셀**의 경우 인간의 감각을 기반으로 삼속성에 대한 개념을 가장 잘 표준화시킨 덕분에 다루기가 쉬워 전세계적으로 가장 많이 쓰이고 있고 도색이나 염색 같은 기술에 사용되고 있습니다. 먼셀과 CIE 색체계는 한국의 KS가 채택한 시스템으로써 우리나라 색체계의 근간이 되고 있기도 하고 색채 교육용으로도 사용되고 있습니다.

한국의 경우 산업 표준으로 정의한 KS 분류와 산업자원부의 지원을 받아서 개발된 IRI색채디자인연구소의 색체계가 있습니다.

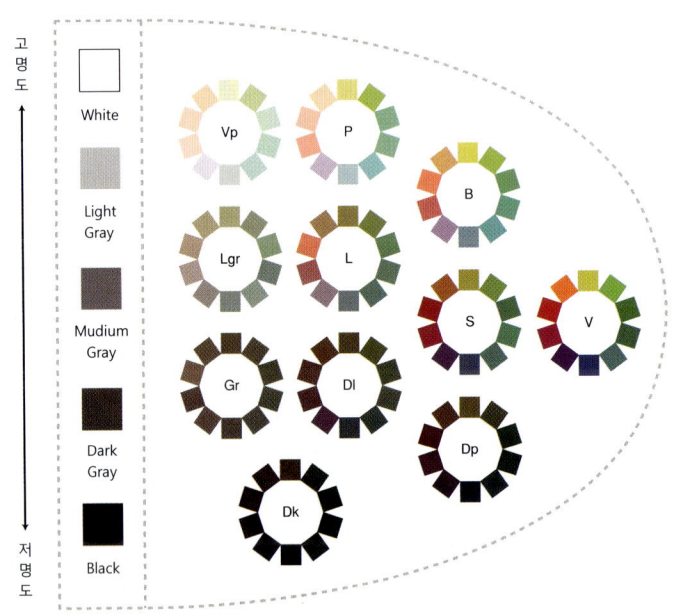

▲ IRI 색체계

오스트발트는 주로 미술 방면에서 사용되고 있고 NCS는 스웨덴 표준협회에서 채택한 것으로 유럽 쪽에서 널리 사용 중입니다. CIE는 1976년 국제 조명위원회에서 제정한 표색계로 X, Y, Z라는 수치를 두고 곡선 모양의 도형으로 만들어 위치를 보고 색을 파악할 수 있습니다. 아무래도 컬러를 수학적으로 판단, 근거하여 객관화시킬 수 있도록 변환했기 때문에 먼셀과 연관도 쉽습니다.

많은 학자들이 색채라는 것에 대해 연구하고 분류를 했지만 그중에서도 미국의 화가이자 교육자인 먼셀의 업적이 가장 크다고 볼 수 있습니다. 먼셀에서 Hue라고 부르는 색상은 빨강/노랑/초록/파랑/보라의 5가지 기본색을 같은 간격으로 배열하고 그 중간에 주황/연두/청록/남색/자주를 넣어 총 10등분으로 표현합니다.

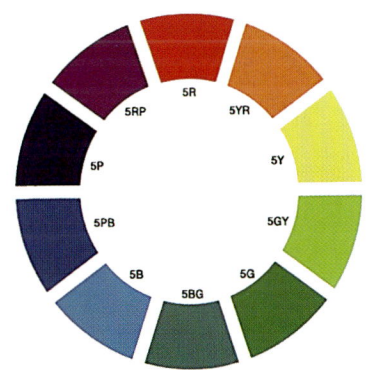

예를 들어 빨간색이 기점이 된다면 시계 방향으로 빨강/주황/노랑/연두/초록/청록/파랑/남색/보라/자주 순서로 배열이 되어 있고 이 컬러들을 각 색마다 다시 10가지 컬러로 나누어 총 100개의 색상환이 되도록 한 것이 바로 먼셀의 100가지 색체계입니다. 먼셀에서는 컬러의 중심색을 숫자 5를 붙여 표기하고 있습니다.

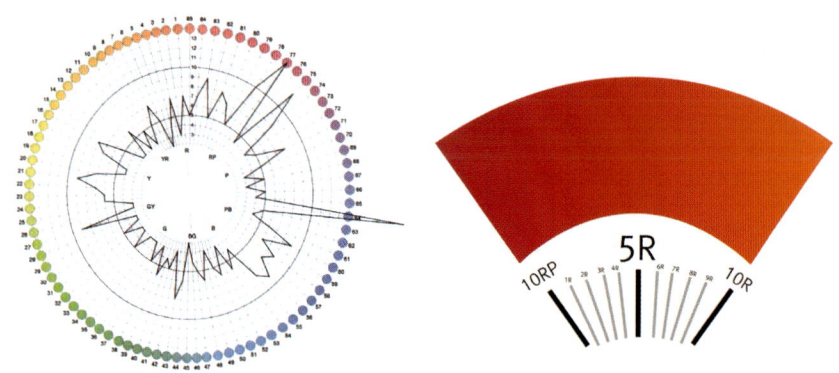

빨강의 경우 색상 기호는 Red의 첫 알파벳인 R로 표기하며, 5R을 기점으로 수가 클수록 노란빛의 빨강이 되고 5R보다 수가 작아지면 보랏빛이 감도는 빨강이 됩니다. 참고로 각 색상의 반대 방향에 위치한 색상은 보색이라고 합니다. 보통 100가지 색상을 5단위로 나눈 20가지 먼셀 색상표나 2.5 단위로 나눈 40가지 먼셀 색상표가 상용되고 있습니다.

색이란?

색은 여러분들이 잘 알고 있듯이 채도가 없는 무채색(검정/회색/하양)과 빨강/노랑/초록/보라처럼 색이 있는 유채색으로 이루어져 있습니다. 인간이 색을 볼 수 있는 건 바로 태양광 덕분으로, 그 때문에 색(色)은 빛(光)이 있어 볼 수 있다고 이야기합니다. 즉, 색이란 햇빛(태양광)이 물방울을 통해 꺾이는 과정에서 가시광선의 균형이 무너지며 나타나는 것인데, 그게 바로 우리가 알고 있는 무지개색의 분류입니다.

만유인력의 법칙을 발견한 17세기 영국의 물리학자 아이작 뉴턴을 알고 있나요? 뉴턴은 분광 실험을 통하여 빛의 파동 현상에서 어떤 색상들이 존재하는지를 최초로 발견하고 빛에 대해서 많은 연구를 한 사람입니다. 무지개가 7색이라고 알려지게 된 것은 바로 뉴턴 덕택입니다. 뉴턴은 어느날 창문에서 들어오는 빛을 보고 빛줄기가 여러 가지 색으로 나누어진 것을 발견하게 되는데, 그걸 보고 무지개를 7가지 색으로 분류했습니다. 뉴턴은 음계가 7음계로 구성되어 있는 것과 같이 빛도 7가지의 색(빨주노초파남보)으로 구성되어 있다고 생각했습니다. 무지개 색상은 현재 207가지로 구분을 하는데, 현실의 무지개는 빨주노초파남보와 같은 색상들이 뒤섞이듯 배치되어 있기 때문에 색깔 사이에 경계선을 둘 수 없어 확실한 구분은 불가능하지만 대략적으로 7가지 색상으로 이루어져 있다고 정의합니다.

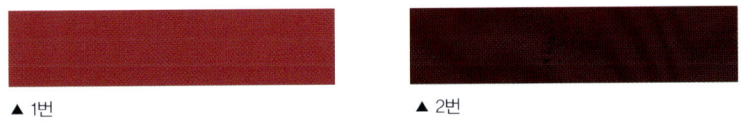

▲ 1번   ▲ 2번

위의 두 가지 색상이 있습니다. 두 사람에게 체리색이라고 생각되는 색상을 고르라고 했을 때 A라는 사람은 1번, B라는 사람은 2번을 골랐다고 가정해 보겠습니다. 이 두 가지 빨강을 보는 여러분들의 생각은 어떠신가요?

아마도 A라는 사람은 사탕이나 일러스트 체리를 떠올렸을 것이고, B라는 사람은 실제 과일 체리색을 떠올렸을 겁니다. 빨간색이라는 기준점 아래에서 봤을 때 두 사람 모두 틀린 답변은 아닙니다. 이처럼 색이라는 건 굉장히 다양하고, 다양한 만큼 정답은 없습니다. 어느 색체계를 기준으로 두느냐에 따라 색을 보는 방법도 달라질 수 있습니다.

03

톤의 구분: 색상/명도/채도

톤이란 명도와 채도가 합쳐진 개념으로 명도와 채도를 분리해서 보는 게 아니라 동시에 보는 개념입니다. 명도는 말 그대로 '밝고 어두움의 정도'를 뜻합니다. 여기서 명도는 굉장히 감각적이면서도 예민한 요소 중 하나입니다. 사람은 실제로 눈이 느끼는 직접적인 밝기에 의존하기 때문에 물체 자체의 명도보다는 주변에 있는 사물과 비교했을 때 좀 더 확실하게 영향을 받게 됩니다. 단, 여기서 중요한 것은 비교 대상의 기준입니다. 단순하게 개개인이 느끼는 명도는 전부 다르기 때문에 객관화된 기준점이 필요합니다.

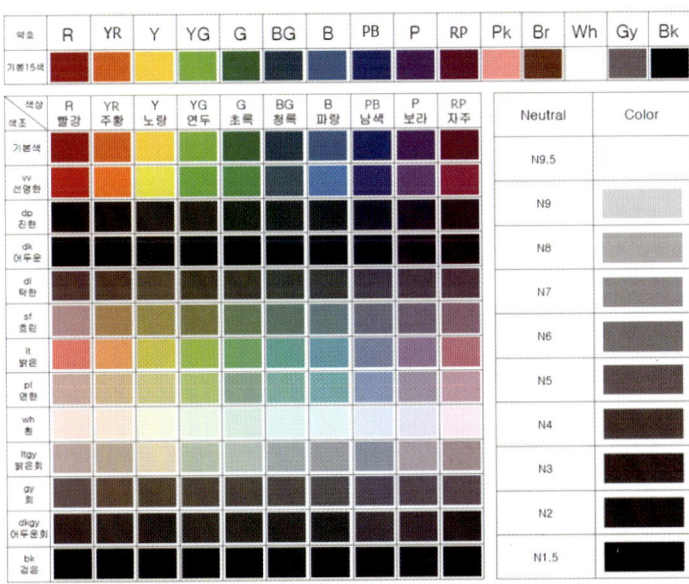

▲ 톤 차트표

예를 들어 친구에게 "나 빨간색 원피스를 샀어."라고 말했다고 가정해 봅니다. 과연 친구가 산 빨간색 원피스와 내가 생각하는 빨간색 원피스가 같은 색상일까요? 단순히 "빨간색 원피스를 샀어."라고 하기보다는 "비비드한 톤의 빨간색 원피스를 샀어."가 훨씬 더 시각적으로 이미지화시키는 것에 도움을 줍니다. 이러한 부분들은 물론 그 외, 다양한 곳에서 톤이라는 개념이 쓰이기 때문에 우리는 톤에 대해 알 필요가 있습니다.

색상

색상(Hue)은 색을 다른 색과 구분하게 해주는 색 자체가 가진 속성입니다. 면셀의 색 입체를 가로로 나누면 색상환이 됩니다. 면셀 색체계는 기본 색상 10개를 가지고 있으며, 이를 기준으로 하는 KS 색체계는 15개의 색상으로 이루어져 있습니다. 스웨덴 색체연구소가 연구, 발표한 NCS 색체계는 총 40개의 색상으로 구성되어 있고 일본의 PCCS 색체계는 24개의 색상을 사용하고 있습니다.

▲ 면셀의 색 입체

명도

명도는 색상의 밝기를 나타냅니다. 아래 예시를 통해 쉽게 설명해 보도록 하겠습니다. 휴대폰으로 사진을 한 장 찍었다고 가정했을 때 사진을 흑백 모드로 바꾸면 명도를 찾아내기 한결 수월해집니다.

위 사진을 보면 비비드한 빨강의 컬러가 눈에 잘 띄게 느껴집니다. 하지만 실제 사진 속 레드 컬러는 밝지 않습니다. 좀 더 쉽게 이해하기 위해 컬러 사진을 흑백으로 바꿔 보도록 하겠습니다.

어떤가요? 컬러 사진과 흑백 사진을 비교했을 때 우리가 알고 있는 빨간색 즉, 비비드한 톤이 밝지 않다는 것을 알 수 있습니다. 비비드 톤은 중명도에 해당합니다.

먼셀 색체계에서는 명도에 0부터 10까지의 번호를 붙여 표기하고 있습니다. 빛을 반사시키는 하양을 10으로 표기하고 빛을 흡수하는 검정을 0으로 표시하며, 무채색을 의미하는 뉴트럴의 영문 표기 중 맨 앞의 N을 붙입니다. 빛의 특성상 완전한 하양과 검정은 인간의 눈에 보이지 않기 때문에 N1.5, N2, N3, N4, N5, N6, N7, N8, N9, N9.5까지로 명도 단계의 값을 표기하고 있으며 KS 색체계도 이 기준을 따르고 있습니다. 무채색이든 유채색이든 같은 명도 단계에 있는 색의 밝기는 서로 동일하다고 보면 됩니다.

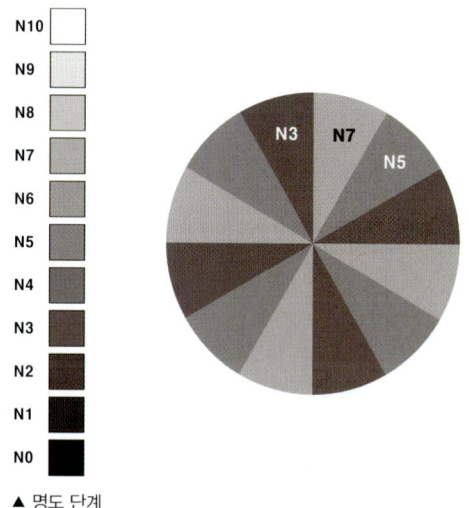

▲ 명도 단계

채도

채도는 색이 가지고 있는 순도가 100%에 가깝냐, 아니냐로 판단하는 것으로 '색상의 맑고 탁함, 순수한 정도, 색의 강약'을 뜻합니다. 그래서 색이 순도가 높을 경우 우리는 선명하다, 화려하다, 비비드하다와 같은 표현을 쓰며 여기에 무채색인 흰색, 회색, 검은색이 들어가는 비율에 따라 채도의 높고 낮음의 여부가 달라지게 됩니다. 색의 순수한 정도가 100%에 가까워야 된다고 하니, 당연히 다른 색상이 섞일수록 채도가 떨어지게 되겠죠? 특히 KS를 기준으로 흰색이나 검은색을 가미하면 채도가 낮아지게 되며, 채도가 높을수록 가시성이 높아집니다.

> **먼지나방의 한마디**
>
> 가시성(可視性)이란 눈에 잘 띄는 정도입니다. 밝은 대낮에 비비드한 컬러의 옷을 입고 돌아다니면 눈에 잘 띄는 것과 같은 이치랍니다.

색을 지각하는 과정과 원리를 구체적으로 알기 위해서는 광원(빛) - 물체 - 관찰자(인간의 눈)를 이해해야 합니다.

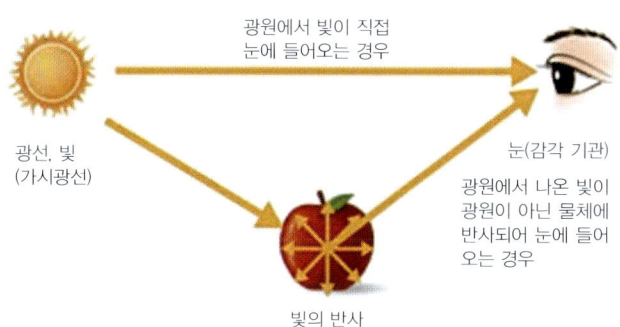

광원에서 빛이 직접 눈에 들어오는 경우

광선, 빛 (가시광선)

눈(감각 기관)

광원에서 나온 빛이 광원이 아닌 물체에 반사되어 눈에 들어오는 경우

빛의 반사

색은 광원(빛) - 물체 - 관찰자(인간의 눈) 사이에서 발생합니다. 그중 눈의 망막에는 색을 감지하는 세 종류의 원추체가 있는데 이것을 적원추체(Red cone), 녹원추체(Green cone), 청원추체(Blue cone)라고 합니다.

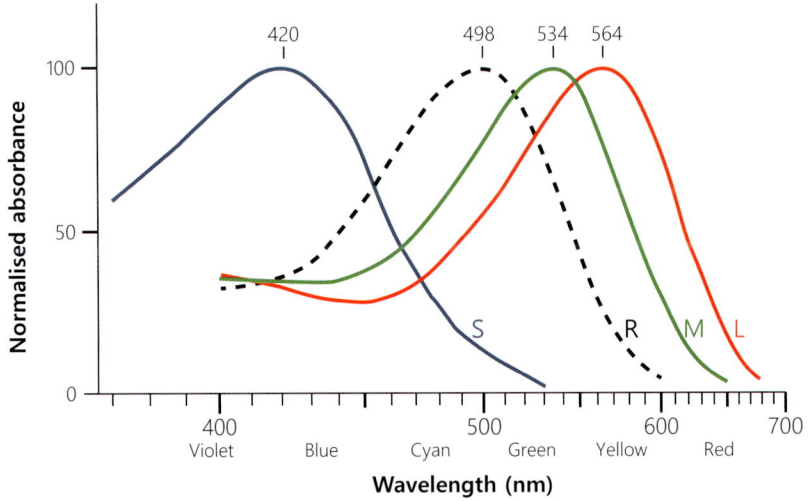

▲ 적원추체, 녹원추체, 청원추체

우리가 빛을 지각할 때 빛 파장의 길이에 따라 색을 인식하는데, 적원추체-녹원추체-청원추체를 기반으로 한 것이 RGB 색공간입니다. 사진을 다루는 카메라나 PC 모니터, 이미지 디스플레이 장치의 원리를 이해하는데 핵심이 되는 개념이죠. 모든 빛의 파장을 같은 양으로 최대치를 더하면 흰색이 됩니다.

원색이란 색의 기본으로, 더 이상 쪼갤 수 없는 색을 말합니다. 바꾸어 말해 그 색 말고는 섞어서 나오지 않는 색을 의미합니다. 색에서 가장 기초가 되는 것이기도 합니다. 크게는 삼원색으로 분류되는데, 삼원색에는 두 가지 종류가 있습니다. 위에서 언급했던 것처럼 가산혼합으로 이루어진 빛의 삼원색인 RGB(Red, Green, Blue)가 있고 감산혼합으로 이루어진 색의 삼원색인 CMY(Cyan, Magenta, Yellow)가 있습니다.

▲ RGB와 CMYK

스펙트럼은 보통 주파수가 증가하는 순서인 R-G-B 순서로 표기하고 감산법에 해당되는 삼원색의 보색 순서로 나열하게 되면 C-M-Y가 됩니다. RGB가 더하는 원리라면 CMY 원리는 감산의 3원색입니다. 즉, 빛의 파장을 빼는 원리로 이루어져 있는 개념입니다.

순색은 무채색이 하나도 혼합되지 않은 색으로, 순도가 가장 높은 것을 의미합니다. 말 그대로 순도 100%의 컬러로 3원색 중 2가지로 만들어지는 색이라고 생각하면 되는데, 쉽게 말해서 동일 색상이거나 혹은 순색 중에서도 채도가 가장 높은 컬러들을 이야기합니다.

먼지나방의 한마디

순도를 설명할 때 가장 많이 물어보는 컬러가 바로 연두색입니다. '연두색은 초록에 흰색을 섞어 만드는 컬러가 아닌가요?', '연두색은 채도가 낮지 않나요?'라는 질문을 많이 받습니다. 연두색의 경우 초록과 노랑이 만나 만들어지는 색이고 무채색이 혼합되지 않았기 때문에 순색이라고 부를 수 있습니다.
흰색뿐만 아니라 중성색이라는 것도 있습니다. 이 중성색은 각각의 삼원색에서 서로 인접해 있는 두 색을 동일하게 혼합해 만든 색을 말하며 중성색에는 초록, 연두, 보라, 자주가 있습니다.

2.5RP

명도 : 5

6	10	14	18
채도	채도	채도	채도

위 이미지는 명도 수치 5, 컬러 2.5RP(레드퍼플)로 동일하지만 채도의 수치
는 조금씩 차이가 있습니다. 채도의 높고 낮음을 명도 차이로 오해하는 분들
이 있는데, 이처럼 명도와 채도는 엄연히 다른 개념이랍니다. 채도는 '순색에
가까울수록 채도가 높다', '여러 가지 색이 섞인 것일수록 채도가 낮다'라고
표현합니다. 흐리고 탁한 느낌이 들겠죠?

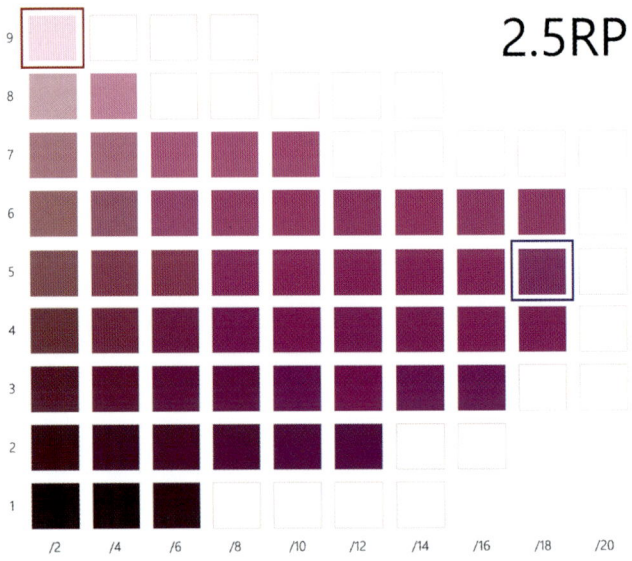

2.5RP

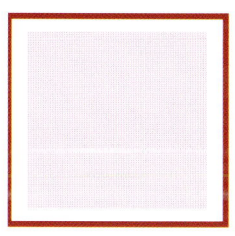

고명도 저채도

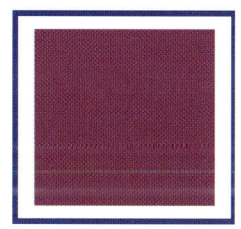

중명도 고채도

빨간 네모 칸에 표시된 컬러는 고명도 저채도, 파란 네모 칸은 중명도 고채도입니다. 빨간 네모 칸의 핑크색은 자주색이라는 순색이 몇 퍼센트나 들어갈까요? 바로 5% 안팎입니다. 이 경우 95%는 흰색이 섞인 것인데, 그렇다면 이 자주색의 순도는 5%가 될 것이고 순도가 100%에 가까울수록 채도가 높은 것이기 때문에 이 색의 채도는 매우 낮은 것이라고 볼 수 있습니다.

04

간단하게 내 퍼스널 컬러
타입 진단하기

앞서 언급했던 톤이 퍼스널 컬러에 어떻게 적용될까요? 퍼스널 컬러의 색체계는 베이스 컬러를 옐로로 두느냐, 블루로 두느냐에 따라 분류가 되는데 따뜻한 컬러감인 노랑 느낌이 나면 웜톤, 차가운 컬러감인 파랑 느낌이 나면 쿨톤으로 구분합니다. 구체적인 설명에 앞서 먼저, 계절을 떠올리며 퍼스널 컬러가 무엇인지 알아보도록 하겠습니다.

봄과 여름은 전체적으로 밝은 톤을 가진 컬러들의 풍경이 떠오릅니다. 특히 봄보다도 여름이 밝으면서 눈부신 느낌입니다. 따라서 봄-여름 중에서 대체적으로 밝은 느낌의 컬러와 톤이 잘 어울리는 사람은 라이트 타입입니다. 겨울이나 봄 브라이트 타입에 해당하는 사람은 채도가 조금 있거나 색감 자체가 선명하게 도드라지는 느낌의 톤이 잘 어울립니다.

가을과 겨울은 봄과 여름에 비해 상대적으로 어두운 느낌을 가진 컬러의 풍경이 떠오릅니다. 따라서 가을-겨울 중에서 딥, 다크 타입에 해당되는 사람은 대비가 있으면서 어두운 느낌의 컬러와 톤이 잘 어울립니다. 뮤트 타입에 해당하는 여름과 가을의 경우 대비가 낮고 채도가 떨어지는 회색이 가미되어 뿌연 느낌의 톤이 잘 어울립니다.

화이트
파스텔 핑크&블루
(여름 라이트 타입)

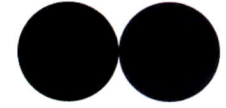

블랙
네이비
(겨울 다크 타입)

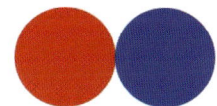

비비드 레드
사파이어 블루
(겨울 브라이트 타입)

아이보리
파스텔 옐로
(봄 라이트 타입)

베이지
소프트 카키
(가을 뮤트 타입)

브라운
다크 초콜릿
(가을 딥 타입)

인디 핑크
파우더 블루
(여름 뮤트 타입)

비비드
옐로&오렌지
(봄 브라이트 타입)

다음의 이미지를 참고하여 간단한 테스트를 하면서 내가 어떤 타입의 퍼스널 컬러에 속하는지 알아보도록 합니다.

1. 나는 누가 봐도 자기주장이 강한 선명한 톤이 잘 어울린다! 옷만 튀는 것이 아니라 얼굴과 함께 옷도 돋보인다. → (웜톤)봄 브라이트 or (쿨톤)겨울 브라이트 타입

2. 나는 파스텔톤처럼 흰색이 많이 가미된 밝은 톤이 어울린다! → (쿨톤)여름 라이트 or (웜톤)봄 라이트 타입

3. 나는 어두운 톤을 매칭했을 때 이목구비가 가장 또렷해 보이고 잘 어울린다. → (웜톤)가을 딥 or (쿨톤)겨울 다크 타입

4. 나는 중명도의 회색이 가미된 톤을 매칭했을 때 가장 안정적으로 보인다. → (쿨톤)여름 뮤트 or (웜톤)가을 뮤트 타입

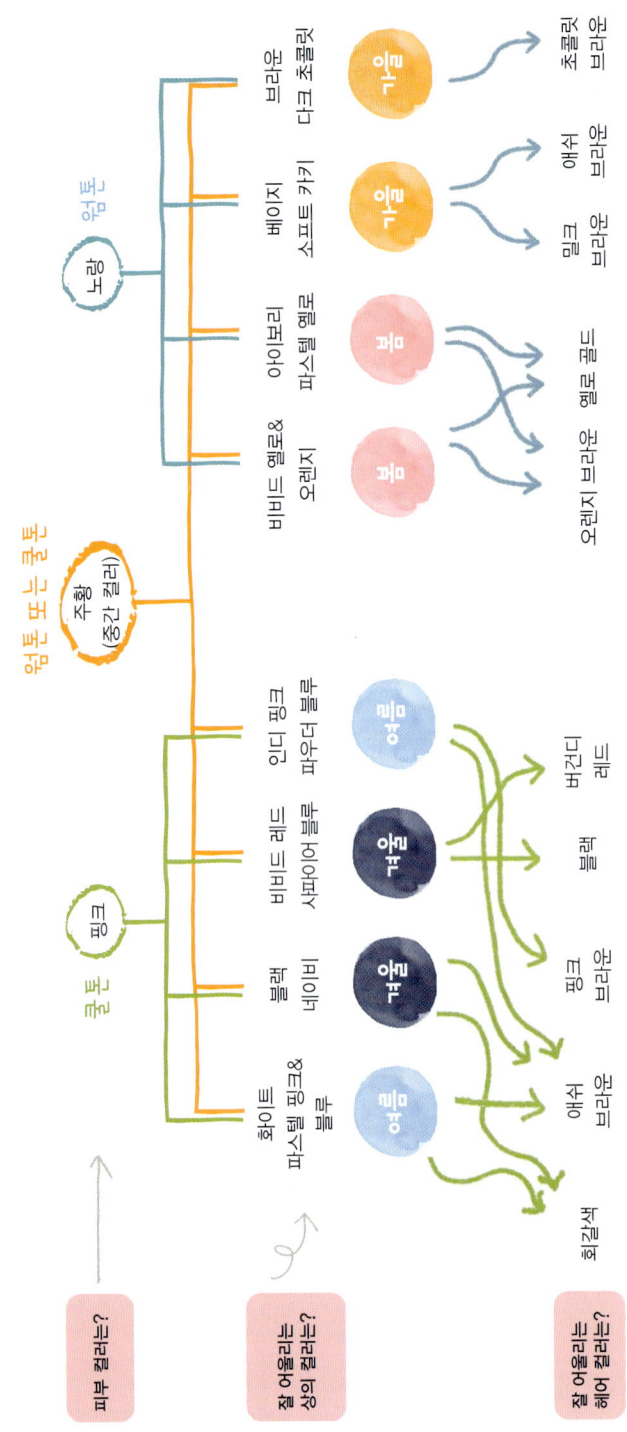

05

퍼스널 컬러는 왜 필요할까?

퍼스널 컬러 진단은 사람이 하는 것이기 때문에 주관적인 요소들이 들어가기 마련입니다. 컨설턴트의 역량이나 진단 방법에 따라 결과값이 달라지게 되는데, 이때 진단 과정에 있어 타당한 수치상의 근거를 제시하고 컨설턴트가 가지고 있는 실무 경험을 바탕으로 결과를 고객에게 충분히 이해시키는 과정이 필수입니다.

스토그래피에서 보는 퍼스널 컬러 기준은 아래 두 가지입니다.

첫 번째, 이목구비가 또렷해 보이는 컬러

두 번째, 전체적으로 컬러감이 튀지 않고 나에게 스며드는 느낌이 드는 조화로운 컬러와 톤

다음은 동일한 사진을 컬러와 톤만 변경한 이미지입니다. 전문가가 아닌 사람이 보아도 오른쪽 사진이 왼쪽 사진에 비해 어둡고 인물과 색이 조화롭지 않다는 느낌이 강하게 들죠? 이처럼 퍼스널 컬러는 개인의 장점을 최대한 살리되, 어느 하나 튀지 않고 스며들어 인물을 가장 돋보이게 만들어 줍니다.

우리는 사람이 풍기는 이미지만으로 본인이 어떤 퍼스널 컬러를 가지고 있는지 절대 알아맞힐 수 없습니다. '각진 얼굴형은 짧은 헤어가 어울린다', '귀여운 느낌을 가진 사람은 러블리한 밝은 톤이 어울린다' 등의 일반적으로 알려진 미용 정보를 토대로 하여 퍼스널 컬러를 대략적으로 유추하고 스타일링을 한다고 했을 때, 자신이 생각했던 것만큼 잘 어울리는 느낌을 받지 못하는 경우가 많습니다. 얼굴이 각진 형태이긴 하나 목이 짧거나, 러블리한 이미지를 가지고 있다고 해도 어두운 피부 톤을 지니고 있는 등 여러 요소들에 의해 전체적으로 어울리지 않는 스타일링이 될 수 있다는 것입니다.

스타일링은 여러 요소들이 복합적으로 이루어져 있어야 합니다. 퍼스널 컬러 전문가는 단순히 피부 톤을 구분하여 '쿨이다, 웜이다'로 끝내는 것이 아니라 타입 진단은 물론, A색의 옷을 입었으면 색조합의 메이크업이나 헤어 컬러 등을 A색의 옷과 어울리는 조합으로 컨설팅해 줄 수 있는 사람이어야 합니다. 거기에 비비드하다, 다크하다, 소프트하다 등 톤에 대한 세밀한 언급을 통해 하나의 완성된 스타일링을 제공할 수 있어야 합니다.

사람을 볼 때 가장 먼저 중요하게 보게 되는 부분은 당연히 얼굴입니다. 단순히 미적 기준만이 아니라 얼굴을 보며 사람의 느낌을 유추하고 호감도를 구분하는 등 그 사람의 전체적인 이미지를 추측합니다. 퍼스널 컬러를 진단해 주고 전체적인 스타일링을 조언할 때 중요 순서가 얼굴에서 가장 면적이 넓은 부위인 피부 – 상의 컬러 – 헤어 컬러 – 이목구비인 이유가 바로 여기에 있습니다.

06

퍼스널 컬러:
봄 / 여름 / 가을 / 겨울

퍼스널 컬러(Personal Color)는 내가 가지고 태어난 그대로의 것으로 개인의 신체적 특징인 피부와 머리카락, 눈동자의 색채 등을 의미합니다. 퍼스널 컬러의 어원은 프로소폰(Prosopon)과 라틴어의 페르소나(Persona)에서 유래되었습니다. 퍼스널 컬러의 역사를 거슬러 올라가 보면, 1928년 바우하우스의 화가 요하네스 이텐(Johannes Itten)이 자신의 제자들을 지도하면서 각 개인이 사용하는 색상과 그들이 가지고 있는 고유한 신체 색상(피부, 눈동자, 머리카락)이 사계절 색상과 관련되어 있다는 것을 처음으로 알아내면서 시작되었습니다. 요하네스 이텐은 실제로 사람의 얼굴 피부색과 일치하는 계절 이미지 색을 비교하고 분석하여 사계절 이론을 만들어낸 화가입니다.

그 이후에는 1978년 베아트릭 이사벨 리드(Beatrix Isabel Lied)가 퍼스널 컬러 관련 드레이핑 천과 색채 팔레트와 같은 교구를 개발하면서 퍼스널 컬러 진단 방법이 좀 더 세분화되었습니다. 1980년 캐롤 잭슨(Carole Jackson)이 'Color Me Beautiful' 책을 발간하였고 유럽에서 빅히트를 치게 됩니다. 이후 1985년 도나 후지이(Donna Fujii)가 샌프란시스코에 도나 후지이 인스티튜트를 설립하였고 1990년에는 일본 도쿄에도 창립하였습니다. 또, 도나 후지이가 집필한 'Color With Style'이라는 책이 세계 30개국에 3가지 언어로 출판되면서 베스트셀러로 등극하게 됩니다. 그렇게 퍼스널 컬러는 일본을 거쳐 지금의 한국에 자리 잡게 되었습니다.

보통 퍼스널 컬러 하면 가장 먼저 떠오르는 것이 사계절 이론일 겁니다. 실제로 피부 컬러는 환경의 3요소인 햇빛, 온도, 습도에 영향을 받고 이 세 가지 요소를 기준점으로 나눌 수 있는 지점이 바로 사계절입니다.

사계절 이론은 색채의 조화 원리에 기초를 두고 분석했다고 생각하면 쉽게 접근할 수 있습니다. 사계절 이론을 세부적으로 살펴보면 봄/여름/가을/겨울의 각각 두 가지 타입을 합쳐 총 8가지 타입으로 나뉘게 됩니다. 추가적으로 스토그래피의 경우 개인의 색채 타입 유형에 따라 베스트/베이직/워스트로 나누는 작업까지 하고 있습니다.

퍼스널 컬러 기본 이론에서는 크게 사계절 이론을 토대로 하여 색 분류를 노란기가 많은 옐로 베이스와 파란기가 많은 블루 베이스로 나누고 있습니다. 특히 자연 환경에서 옐로의 느낌을 주는 봄과 가을을 웜으로 분류하고 블루의 느낌을 주는 여름과 겨울을 쿨로 분류합니다.

단순하게 난색과 한색, 웜과 쿨은 다른 개념입니다. 예를 들어 빨간색인 난색에도 토마토 레드, 체리 레드처럼 웜 레드와 쿨 레드가 존재합니다. 파란색인 한색 또한 터쿠아즈 블루와 사파이어 블루로 웜 블루와 쿨 블루가 존재합니다.

본격적으로 사계절에 대한 이미지를 하나씩 떠올리며 구체적으로 퍼스널 컬러에 대해 배워보도록 하겠습니다. 이론을 이해하고 나에게 알맞은 퍼스널 컬러는 무엇인지, 어떻게 활용하면 좋을지 생각하며 읽어보기 바랍니다.

봄

봄 하면 어떤 느낌과 색상이 떠오르나요? 봄은 만물이 겨울잠에서 깨어나 상생하는 계절인 만큼 활기가 넘칩니다. 노란 새싹, 노란 개나리, 노란 유채꽃, 노란 튤립, 노란 민들레… 대부분 떠오르는 것들에 '노란'이라는 수식어가 붙습니다.

봄의 두 가지 타입은 아래와 같습니다.

첫 번째, 봄은 따스히 내리쬐는 빛이 있는 계절입니다. 빛이 비추면 잘 보일 거라고 생각되지만 실제로 햇빛이 내리쬐면 눈앞에 있는 컬러들은 잘 보이지 않습니다. 선명하거나 투명하게 보이지 않는다는 말이죠. 바로 봄은 이런 색상입니다. 맑고 청아한 색상이 아닌 희뿌연 밝은 파스텔 톤을 지니고 있습니다. 이러한 색상이 잘 어울리는 분들은 '라이트 타입'입니다. 또한 봄은 새로운 만물이 깨어나는 계절입니다. 이슬을 머금은 새싹들이 햇빛에 반사되면서 반짝반짝 빛나는 모습이 떠오릅니다. 바로, 두 번째 타입이 이러한 생기가 넘치면서 선명하게 도드라지는 색감이 잘 어울리는 '브라이트 타입'입니다.

봄의 컬러는 노란색이 기본 바탕으로 된 모든 계열의 색입니다. 그중에서도 고명도 고채도, 고명도 저채도 혹은 중명도 고채도의 선명한 컬러들이 바로 봄 컬러입니다. 봄에 허용되는 톤으로는 비비드(vv), 스트롱(st), 라이트(lt), 페일(pl), 화이티시(wh) 톤이 있습니다.

순색의, 강한, 선명한, 화려한, 대담한, 명쾌한

vivid

강한, 선명한, 적극적인

strong

밝은, 경쾌한, 발랄한, 가벼운

light

섬세한, 연한, 우아한, 사랑스러운, 산뜻한

pale

흰, 연한, 창백한, 아이스한, 순수한

whitish

전반적으로 밝고 경쾌한 톤이 잘 어울리는 경우라면 봄 타입입니다. 비비드
(vv)/스트롱(st)/라이트(lt) 톤이 잘 어울린다면 봄 중에서 브라이트 타입, 페
일(pl)/화이티시(wh)/라이트(lt) 톤이 잘 어울린다면 라이트 타입일 확률이
높습니다.

각 계절 타입의 허용 톤

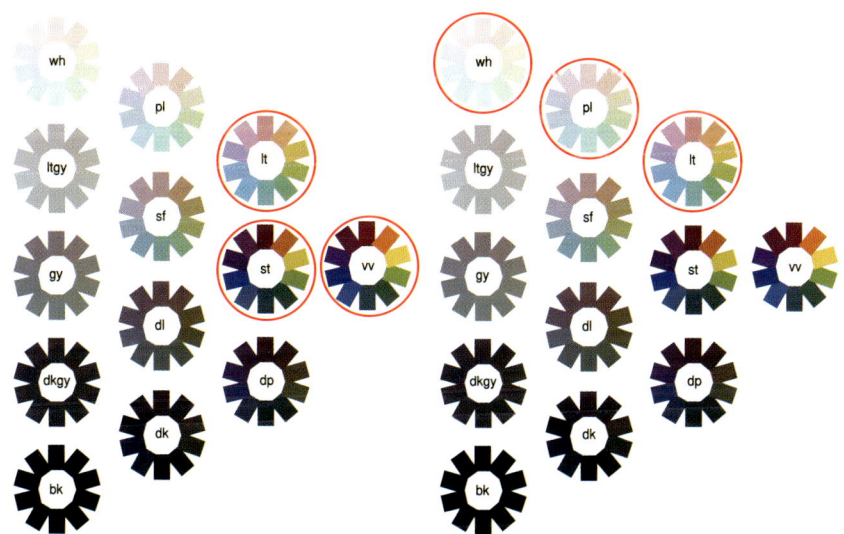

▲ 왼쪽 : 봄 브라이트 / 오른쪽 : 봄 라이트

봄 브라이트 타입

Bright
Spring

먼저, 봄 브라이트 타입이라는 명칭에 대해 짚고 넘어가겠습니다. 이 명칭은 정확히 브라이트 톤이 어울려서 그렇게 지어진 것이 아닙니다. PCCS인 일본 색체계에는 브라이트 톤이 있지만, KS인 한국 색체계에는 브라이트 톤이 없습니다. 간단히 설명하자면 단순히 '밝다'라는 의미보다는 lively나 vibrant의 의미에 더 가깝다고 볼 수 있습니다. 말 그대로 '생기 있다'에 가까운 표현이죠. 색에 생기가 있으려면 당연히 선명한 느낌을 가져야 합니다.

계절로 따지면 3~4월 초까지로, 겨울이 가고 이제 막 봄이 시작되는 이른 봄의 계절입니다. 그 때문에 겨울과 겹치는 컬러들이 꽤나 있습니다. 컬러 차트를 살펴보면, 전체적으로 옐로 베이스 채도에 명도가 둘 다 높은 컬러 혹은 중명도 고채도에 해당하는 컬러들이 많이 분포되어 있는 것을 볼 수 있습니다. 봄 브라이트 타입은 채도와 명도가 높거나, 중명도에 고채도를 가지고 있으니 당연히 콘트라스트가 강하겠죠?

겨울이 지난 이른 봄 타입이기 때문에 겨울 쿨톤과 헷갈려 하는 분들이 많지만, 봄 브라이트 타입은 엄연히 베이스가 옐로입니다. 봄 브라이트 타입에 속하는 분들은 조금 차가운 느낌이 감도는 핑크 컬러까지도 잘 어울리는데, 푸른기가 섞인 핑크보다 옐로가 섞인 핫핑크까지도 나쁘지 않게 어울립니다. 봄 브라이트 타입에 해당하는 블루 컬러는 딥하거나 쿨 특유의 청량한 느낌의 블루 컬러가 아닙니다. 전반적으로 봄 브라이트 타입은 차가운 느낌이 쏙 빠진 비비드 톤의 컬러들이 잘 어울립니다.

봄 브라이트 타입의 메이크업은 생기 넘치면서 전체적으로 따뜻한 느낌의 노란 빛을 가진 화사하고 비비드한 색상들을 사용하는 것이 좋습니다. 입술이나 블러셔는 한눈에 띄는 비비드한 톤이 제격입니다. 글로시한 피부 표현도 잘 어울립니다.

컨설팅을 하면서 봄 브라이트 타입이지만 사파이어 블루 같은 푸른 컬러들까지 베이직하게 어울리는 분
도 봤습니다 핫핑크 립스틱이 잘 어울린다고 해서 모두 쿨톤은 아닙니다. 잇핑크에도 웜, 굴이 보누 존재
하 기 때문입니다.

Light
Spring

봄 라이트는 이름 그대로 밝은 톤 위주의 타입입니다. 옐로 베이스이면서 주로 밝은 톤이 어울리는 분들을 봄 라이트 타입이라고 합니다.

계절로 따지면 4월~5월 말까지로, 봄 혹은 봄 끝자락에서 여름으로 넘어가는 타입입니다. 컬러 차트를 살펴보면 전체적으로 옐로 베이스의 라이트, 페일, 화이티시 톤이 분포되어 있습니다. 여름 라이트 타입과 달리 봄 라이트 타입의 경우 화이티시 톤보다 페일 톤이나 라이트 톤의 스펙트럼을 가진 사람의 분포도가 많습니다.

봄 브라이트 타입과 비교해 보면 채도가 상대적으로 확 떨어진 느낌이라 한층 더 밝은 이미지를 가지고 있습니다. 따라서 밝고 로맨틱한 컬러가 분포되어 있는 것을 볼 수 있습니다. 가끔 봄 라이트 타입의 파스텔 톤을 보고 여름 쿨톤과 헷갈려 하는 분들이 있는데 봄 라이트의 파스텔 컬러는 블루 베이스의 파스텔이 아닌, 웜한 느낌의 파스텔 컬러입니다. 대표적인 컬러로는 페일 톤의 베이비 핑크, 피치 핑크, 파스텔 옐로, 아이보리, 크림이 있습니다. 봄 라이트 타입의 파스텔 컬러는 그레이시한 느낌이 아닌 흰색이 가미된 웜한 느낌을 지니고 있습니다.

봄 타입의 사람들은 사랑스럽고 귀여운 이미지로, 베이비 페이스를 지닌 분들이 많습니다. 밝은 피부 톤부터 중명도 피부 톤까지 분포되어 있고 피부 톤이 깨끗하고 맑으면서 살짝 주근깨가 보이는 옐로 스킨을 가진 타입의 분포도가 높습니다.

> **먼지나방의 한마디**
>
> 봄 타입인데 귀여운 이미지를 지니고 있지 않다면요? 말 그대로, 평균적으로 이런 타입들이 많다는 것이지 꼭 그러한 이미지를 가지고 있다고 확정 지을 수는 없습니다.

봄 라이트 타입의 메이크업은 전체적으로 따뜻한 느낌의 밝고 가벼운 색상을 사용하는 것이 좋습니다. 반짝이는 윤광 피부 표현도 잘 어울립니다. 입술은 눈에 바로 띄는 비비드한 톤보다는 밝은 톤이나 적당한 채도가 있는 톤으로 튀지 않게 표현해 주는 것이 좋습니다.

여름

1년의 사계절 중 두 번째인 여름은 강한 햇빛과 장마철의 비바람이 생각나는 계절입니다. 또한 푸른 바다와 시원한 바람, 백사장, 하얀 구름과 푸른 하늘, 흰 요트 그리고 연둣빛에서 짙은 초록으로 물든 숲속도 떠오릅니다.

여름의 두 가지 타입은 아래와 같습니다.

첫 번째, 강한 햇빛이 내리쬐어 앞이 잘 보이지 않는 희뿌연 느낌, 빛 바랜 컬러인 파스텔 톤을 지니고 있습니다. 이러한 톤이 잘 어울리는 분들은 '여름 라이트 타입'입니다. 두 번째, 한여름이 오기 전 꼭 거쳐야 하는 장마철의 색입니다. 장마가 시작되면 비가 와서 물안개가 끼고 하늘에 회색빛이 돌죠. 바로 그 회색 느낌을 생각하면 됩니다. 이런 색감이 잘 어울리는 분들은 '여름 뮤트 타입'입니다.

여름 컬러의 기본 바탕은 흰색과 푸른색입니다. 그중에서도 고명도 저채도 혹은 중명도 중채도의 밝거나 부드럽고 탁한 컬러가 바로 여름 컬러입니다.

여름에 허용되는 톤으로는 화이티시(wh), 페일(pl), 라이트 그레이시(ltgy), 소프트(sf), 덜(dl), 그레이시(gy) 톤이 있습니다.

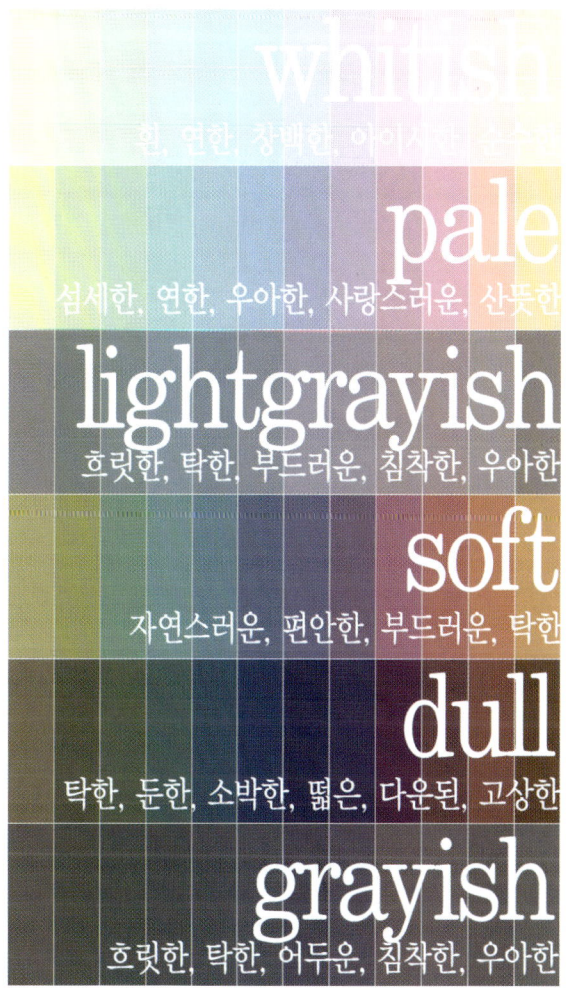

전반적으로 여리여리한 파스텔 톤 혹은, 부드러운 중간 톤이 어울리는 분은 여름 타입입니다. 화이티시(wh)/페일(pl)/라이트 그레이시(ltgy) 톤이 잘 어울린다면 여름 중에서 라이트 타입일 확률이 높고 소프트(sf)/덜(dl)/그레이시(gy) 톤이 잘 어울린다면 뮤트 타입일 확률이 높습니다.

각 계절별 타입의 허용 톤

▲ 왼쪽 : 여름 라이트 / 오른쪽 : 여름 뮤트

여름 라이트 타입

Light
Summer

여름 라이트 타입은 봄 라이트 타입과 같이 밝은 톤이 주를 이루고 있습니다. 여름의 블루 베이스를 가지고 있으면서 주로 흰색이 섞인 밝은 톤이 어울리는 사람이 여름 라이트 타입입니다

계절로 따지면 6~7월까지로, 봄이 가고 여름이 시작되는 시기입니다. 그렇기 때문에 봄 라이트 타입과 겹치는 컬러들이 꽤나 있습니다. 특히 여름 라이트 타입의 경우 채도가 어느 정도 있는 라이트 톤보다 화이티시 톤이나 페일 톤이 어울리는 사람의 분포도가 높습니다. 컬러 차트를 살펴보면, 전체적으로 블루 베이스의 고명도 저채도 컬러들이 많이 분포되어 있습니다. 여름 라이트 타입은 봄 라이트 타입과 비슷한 듯하지만 약간의 차이가 있습니다. 봄 라이트 타입이 웜한 느낌의 파스텔이라면 여름 라이트 타입은 쿨한 느낌의 파스텔 컬러가 위주입니다. 완연한 여름 라이트 타입을 제외하고 일부 여름 라이드 타입은 봄과 맞닿아 있이 흰기가 많이 섞인 실구 길러까지 베이직하게 어울리는 분들도 있습니다. 참고로, 봄과 닮아 있는 여름 라이트 타입이기 때문에 쿨톤 하면 떠올릴 수 있는 다크한 톤의 버건디나 퍼플, 블랙은 어울리지 않습니다.

여름 컬러에는 기본적으로 흰색이 베이스로 깔려 있기 때문에 튀지 않는 파스텔 톤이 분포되어 있습니다. 청초하면서도 은은한 느낌을 주죠. 여름 컬러는 특히 뷰티 시장이나 패션 업체에서 활용하고 있는 컬러 중 하나이기도 합니다.

여름 라이트 타입은 여성스럽고 낭만적인 이미지, 그리고 청초한 페이스를 지닌 사람들이 많습니다. 창백하게 밝은 피부부터 중명도까지 분포되어 있고 전체적으로는 핑크빛 피부이거나 복숭아빛 스킨을 가진 타입이 많습니다.

여름 라이트 타입은 컬러감이 강하지 않은 깨끗한 투명 메이크업이나 전체적으로 차가운 느낌의 자주빛 핑크 혹은 모브빛을 가진 가벼운 색상들을 사용하여 메이크업하는 것이 가장 예쁩니다. 매끈하면서도 광이 나는 윤광 피부 표현 역시 잘 어울립니다. 비비드한 톤을 사용하여 눈과 입술을 강조해 주기보다는 물먹은 듯 자연스러운 느낌을 지닌 라이트 톤으로 가볍지만 살짝 채도 있게 표현해 주는 것이 좋습니다. 블러셔는 흰기가 많이 가미된 화이티시 톤이나 페일 톤이 잘 어울립니다.

Mute
Summer

'mute'는 '음소거'라는 뜻입니다. 이것을 색에 대입해 보면 '색이 음소거가 된다 = 색이 조용해야 한다 = 색이 차분하고 부드러워야 한다 = 그러려면 회색이 섞여야 한다'라는 뜻으로 나타낼 수 있습니다. 즉, 블루 베이스를 가지고 있으면서 주로 회색이 섞여 부드럽고 차분한 톤이 어울리는 사람을 뮤트 타입이라고 합니다.

계절로 따지면 8~9월 초 정도로, 여름 끝자락에서 슬슬 가을 향기가 불어오는 여름에서 가을로 넘어가는 타입입니다. 뮤트 타입은 여름과 가을에만 존재합니다. 컬러 차트를 살펴보면 전체적으로 블루 베이스의 소프트, 덜, 그레이시 톤의 컬러들이 분포되어 있는 것을 볼 수 있습니다.

뮤트는 회색 때문에 대비가 가장 약한 타입으로, 여름 라이트 타입과 비교해보면 다운된 느낌이라 부드럽고 차분한 이미지가 강하고 우아하고 기품 있는 컬러들이 잘 어울립니다. 블루 빛에 그레이시한 느낌이 가미되어 있는 컬러라면 뮤트 타입에게 베스트입니다. 가을 뮤트 타입과 비교했을 때 여름 뮤트 타입은 웜한 느낌의 짙은 옐로 베이스가 아닌, 쿨한 느낌의 소프트하고 대비가 약한 컬러를 가지고 있습니다. 대표적인 컬러로는 중명도에 채도가 낮은 그레이시 핑크나 중명도 중채도인 인디핑크, 라이트 그레이, 파우더리 블루, 틸 그린이 있습니다.

콘트라스트가 강한 블랙이나 비비드 톤은 뮤트 타입에게 쥐약입니다. 컬러 차트를 보면 쿨한 느낌이지만 콘트라스트가 강하지 않으며 전체적으로 그레이시한 컬러들이 가미되어 있습니다. 뮤트 타입에 해당하는 분들은 회색기 도는 탁색이 잘 어울리니 그레이 컬러만 적절히 잘 사용해도 최상의 효과를 낼 수 있습니다.

여름 뮤트 타입의 메이크업은 차가운 컬러의 중명도 톤으로 분위기 있게 마무리해 주는 것이 좋습니다. 여름 뮤트 타입이 가진 컬러감은 파우더리하고 탁하기 때문에 다른 계절에 비해 살짝 커버력 있는 매트한 피부 표현도 잘 어울립니다. 입술 역시 톤 다운된 컬러들로 마무리해 주는 것이 좋습니다.

가을

가을은 녹색 잎이 적색, 황색, 갈색으로 변하는 시기로 맑은 하늘과 빨간 단풍잎, 황금빛으로 잘 익은 곡식 등 전체적으로 그윽한 브라운이 떠오릅니다.

가을의 두 가지 타입은 아래와 같습니다.

첫 번째, 가을이 깊어지면서 단풍잎과 낙엽에 수분이 날아가 마르게 되면 색상이 빈티지한 느낌으로 변하게 됩니다. 이런 느낌의 색감이 잘 어울리는 분들은 '뮤트 타입'입니다. 두 번째, 단풍과 은행나무, 낙엽들이 어두운 느낌이지만 화려한 색채로 우리의 눈을 즐겁게 해줍니다. 이처럼 어둡고 그윽하면서도 화려하고 딥한 톤을 지니고 있습니다. 이러한 색상이 잘 어울리는 분들은 '딥 타입'입니다.

가을의 컬러는 황색과 노란색이 기본 바탕으로 된 계열의 색이라고 보면 됩니다. 그중에서도 저명도 고채도, 중명도 중채도 혹은 저명도 서채도와 같은 짙고 어두운 색이 바로 가을 컬러입니다.

가을에 허용되는 톤으로는 소프트(sf), 덜(dl), 다크 그레이시(dkgy), 딥(dp), 다크(dk) 톤이 있습니다. 전반적으로 짙고 차분하면서 명도와 채도가 낮거나 저명도 고채도를 가진 우아한 톤이 잘 어울리는 분은 가을 타입입니다. 소프트(sf)/덜(dl)/다크 그레이시(dkgy) 톤이 잘 어울린다면 가을 중에서 뮤트 타입일 확률이 높고 딥(dp)/다크(dk)/다크 그레이시(dkgy) 톤이 잘 어울린다면 딥 타입일 확률이 높습니다.

각 계절 타입의 허용 톤

▲ 왼쪽 : 가을 뮤트 / 오른쪽 : 가을 딥

가을 뮤트 타입

Mute
Autumn

여름과 마찬가지로 가을에도 뮤트 타입이 존재합니다. 뜻 또한 '색이 음소거가 된다 = 색이 조용해야 한다 = 색이 차분하고 부드러워야 한다 = 그러려면 회색이 섞여야 한다'와 같이 동일합니다. 여름 뮤트 타입과 차이점은 가을 뮤트 타입은 회색을 기본으로 한 색상들이 잘 어울리지 않는다는 것입니다. 이는 여름에는 서브 컬러로 회색이 있지만 가을은 그렇지 않기 때문입니다. 가을 뮤트 타입은 옐로 베이스를 가지고 있으면서 회색이 섞여 부드럽고 차분해진 톤이 어울립니다.

계절로 따지면 9월로, 여름이 가고 이제 막 가을이 시작되는 초가을부터입니다. 그 때문에 여름 컬러들과 닮아 있습니다. 가을 뮤트 타입과 여름 뮤트 타입은 비슷한 듯 다릅니다. 여름 뮤트 타입이 차가운 느낌의 더스티한 컬러들이라면, 가을 뮤트 타입은 따뜻한 느낌의 더스티한 컬러들이 위주입니다. 컬러 차트를 살펴보면 전체적으로 옐로 베이스의 파우더리하고 더스티한 컬러들이 많이 분포되어 있습니다. 가을 뮤트의 컬러감은 여름 끝자락에서 초가을로 넘어가는 타입이기에 완연한 가을의 컬러에 비해 다소 가벼운 느낌이 듭니다.

중명도에 해당하는 톤부터 중–저명도에 해당하는 다크 그레이시한 톤까지 자유롭게 사용 가능하지만, 대비가 강해지면 절대 안됩니다. 고채도의 대비가 강한 봄이나 겨울 컬러가 쥐약이면서 특히, 연보라가 섞인 핑크 컬러는 피부 톤과 분리되어 보이는 특징을 가지고 있습니다.

가을의 컬러는 생기 있고 밝은 느낌을 주는 봄의 색과는 확연한 차이점이 있습니다. 가을 뮤트는 전체적인 컬러들이 좀 더 그레이시(더스티)해진 옐로 베이스입니다. 완벽한 블루 베이스로 이루어진 컬러들보다는 자연에서 온 청록이나 녹색 계열이 잘 받기 때문에 맑은 파스텔 컬러들을 매칭한다면 들뜨는 느낌이 듭니다.

가을 뮤트 타입은 봄 타입에 비해 명도와 채도가 모두 낮기 때문에 우아하고 차분한 느낌을 줍니다. 베이지, 카페라테, 소프트 카키 등 따뜻한 회색이 가미된 톤들을 사용하도록 합니다.

가을 뮤트 타입의 메이크업은 그윽하면서 분위기 있는 중명도의 베이지나 브라운 컬러들을 사용하여 전체적으로 따뜻한 느낌으로 표현해 줍니다. 다른 계절에 비해 살짝 커버력 있는 매트한 피부 표현도 잘 어울립니다. 입술 역시 매트한 질감으로 표현해 주는 것이 가장 좋으며, MLBB라고 불리는 톤 다운된 립 제품들이 잘 어울립니다.

Deep
Autumn

가을 딥 타입은 단어 그대로 진하다는 뜻을 가지고 있습니다. 색을 봤을 때 '진하다'라고 느끼려면 채도가 높으면서 명도가 낮아야 합니다. 전체적으로 옐로 베이스를 가지고 있으면서 진한 느낌의 톤들이 분포되어 있는 타입을 가을 딥 타입이라고 합니다.

계절로 따지면 10월 말에서 11월 정도로, 가을에서 슬슬 차가운 겨울 바람이 불어오는 가을에서 겨울로 넘어가는 타입입니다. 컬러 차트를 살펴보면, 전체적으로 옐로 베이스의 딥한 채도가 있으면서 어둡고 대비 강한 컬러들이 분포되어 있습니다. 가을의 두 가지 타입 중에서 대비가 센 타입이고 블랙키시(bk)보다는 다크(dk)나 딥(dp), 다크 그레이시(dkgy) 톤이 어울리는 분들의 분포도가 높습니다.

가을 뮤트 타입과 비교해 보면 대비가 강한 느낌이라 섹시하면서도 짙은 메이크업이 잘 어울립니다. 딥하고 다크하지만 채도가 조금은 높아 콘트라스트가 강한 컬러들이 잘 맞습니다 가을 딥 타입에 해당하는 컬러에 겨울의 컬러들이 일정 부분 섞여 있어 헷갈릴 수 있으나 가을 딥 타입의 컬러는 차가운 느낌의 짙은 블루 베이스가 아닌, 따뜻한 느낌의 다크하고 딥하면서 대비가 강합니다. 대표적인 컬러로는 세피아(고동색), 딥카키, 비리디언(청록), 초콜릿 컬러가 있습니다. 블랙에 가미된 딥한 톤이 어울리기 때문에 색 대비가 약한 소프트 파스텔 톤이나 더스티한 컬러는 맞지 않습니다. 가을 딥 타입은 그윽하고 포근한 이미지를 주면서, 주로 이목구비가 또렷해 선명한 인상을 가진 분들이 많습니다. 보통 중명도 피부 톤부터 어두운 피부 톤까지 분포되어 있고 전체적으로 옐로 베이스의 혈색 없는 피부나, 갈색 피부에 황색빛이 감도는 피부를 가진 타입이 많습니다.

가을 타입에 해당하는 분은 짙은 스모키 메이크업이나 전체적으로 따뜻한 느낌의 황색빛을 가진 딥하고 자연스러운 색상들을 사용하여 다른 계절에 비해 살짝 커버력 있는 매트한 피부 표현이 잘 어울립니다. 입술은 비비드한 톤보다는 중간 톤이나 짙은 톤으로 또렷하게 표현해 주는 것이 좋습니다.

겨울

흰 눈이 펄펄 내려 온 땅과 하늘을 순백으로 뒤덮어 버리는 겨울, 1년의 사계절 중 한 해의 마지막을 장식하는 계절입니다. 새하얀 눈이 아름답기도 하지만 눈이 없다면 황량한 풍경을 가진 계절이기도 하죠. 하얀 눈과 칼같이 차가운 바람, 파란 하늘, 황량한 풍경, 앙상한 나뭇가지 등 겨울의 색을 떠올리면 흰색과 더불어 파란색과 검은색이 함께 생각납니다.

겨울의 두 가지 타입은 아래와 같습니다.

첫 번째, 겨울은 가을이 지나고 쓸쓸히 저물어가는 생명들이 잠드는 시간, 기나긴 밤입니다. 봄이라는 계절이 새 생명의 탄생이라면 겨울은 죽음을 상징하기도 합니다. 이러한 느낌은 새하얀 눈과 대비된 검은색을 떠올리게 합니다. 겨울은 전체적으로 어두운 색상이 분포되어 있습니다. 이러한 색상이 잘 어울리는 분들은 '다크 타입'입니다. 두 번째는 청량하고 맑은 공기, 새하얀 눈이 햇빛과 반사되어 반짝반짝한 모습이 떠오릅니다. 이러한 차갑고 깨끗한 색감이 잘 어울리는 분들은 '브라이트 타입'입니다.

vivid
순색의, 강한, 선명한, 화려한, 대담한, 명쾌한

strong
강한, 선명한, 적극적인

deep
진한, 중후한, 깊은, 무거운, 충실함, 힘있는

dark
어두운, 무거운, 단단한, 과묵한, 남성적인

blackish
어두운, 시크한, 모던한, 카리스마 있는

겨울의 컬러는 검은색과 파란색이 기본 바탕으로 된 모든 계열의 색이라고 보면 됩니다. 전반적으로 중명도 고채도, 저명도 저채도의 선명하거나 어두운 톤이 잘 어울리는 분은 겨울 타입입니다. 겨울에 허용되는 톤으로는 비비드(vv), 스트롱(st), 딥(dp), 다크(dk), 블랙키시(bk) 톤이 있습니다. 딥(dp), 다크(dk), 블랙키시(bk) 톤이 잘 어울린다면 겨울 중에서 다크 타입일 확률이 높고 비비드(vv)/스트롱(st)/딥(dp) 톤이 잘 어울린다면 브라이트 타입일 확률이 높습니다.

각 계절 타입의 허용 톤

▲ 왼쪽 : 겨울 다크 / 오른쪽 : 겨울 브라이트

겨울 다크 타입

Dark
Winter

겨울 다크는 이름 그대로 '어두운' 톤의 분포도가 많은 타입입니다. 계절로 따지면 11월에서 12월까지로, 가을이 가고 이제 막 겨울이 시작되는 초겨울입니다. 그 때문에 가을 컬러와 겹치는 색들이 꽤나 있습니다. 겨울 다크 타입은 가을 딥 타입과 비슷한 듯 다릅니다. 가을 딥 타입이 따뜻한 느낌이 감도는 딥-다크에 해당하는 톤이라면 겨울 다크 타입은 차가운 느낌의 다크한 컬러들 위주로 구성되어 있습니다. 가을 끝자락에서 초겨울로 넘어가는 타입이기에 겨울 다크 타입 중 일부는 짙은 브라운 컬러도 잘 어울리며, 따스하게 느껴지는 대비가 강한 컬러들까지 잘 맞습니다. 하지만 따뜻하면서 비비드한 톤이나 파스텔 톤, 더스티한 느낌의 따뜻한 톤은 절대적으로 피해야 합니다.

겨울 컬러는 기본적으로 블랙과 블루가 베이스로 깔려 있기 때문에 대비가 강한 편입니다. 차갑고 강렬하며 도시적인 느낌을 주죠. 피콕그린, 버건디, 블랙, 네이비, 퍼플처럼 블랙이 많이 가미되어 선명하고 어두운 느낌의 대비가 강한 컬러들이 잘 어울립니다. 따라서 겨울 다크 타입에 해당되는 분들은 채도와 명도 모두 낮은(어두운) 컬러를 선택하는 것이 좋습니다.

겨울 다크 타입은 짙은 스모키 메이크업이나 전체적으로 차가운 느낌의 다크한 톤을 사용하는 것을 추천합니다. 입술은 딥하거나 다크한 톤으로 어둡게 표현해도 잘 어울립니다. 전체적으로 진한 아이 메이크업에 짙은 립 컬러로 포인트를 주었을 경우 가장 잘 어울리기 때문에 블러셔는 생략해도 좋습니다.

먼지나방의 한마디

상의를 입었을 때 블랙 컬러가 가장 잘 어울린다면 겨울 다크 타입에 가까운 사람일 것입니다. 그러나 사람에 따라 겨울 다크 타입에 해당하지만 블랙 컬러보다는 차콜 컬러가 더 잘 어울리는 겨울 타입도 있습니다. 사람마다 스펙트럼은 다르니까요. 가끔 '나는 블랙이 너무 잘 어울리는데 겨울 타입이 아니야.'라고 하는 분도 있는데, 이런 경우 살펴보면 베이직과 베스트의 경계를 두지 않는 경우가 많더라고요.

Bright
Winter

겨울 브라이트 타입은 봄 브라이트 타입과 마찬가지로, 단순히 '밝다'라는 의미보다는 lively나 vibrant의 의미에 더 가깝습니다. 말 그대로 '생기 있다'라는 뜻을 가지고 있습니다. 색에 생기가 있으려면 파스텔 톤이 아닌 선명한 톤이어야 합니다.

계절로 따지자면 2월로, 겨울 끝자락에서 슬슬 봄의 향기가 불어오는 겨울에서 봄으로 넘어가는 타입입니다. 컬러 차트에 레드 핑크라든지 토마토 레드 계열이 섞여 있기 때문에 봄 웜과 헷갈릴 수도 있는데, 전체적으로 블루 베이스의 강렬하면서 깨끗한 느낌의 컬러들이 분포되어 있습니다. 겨울 브라이트는 비비드한 톤이 분포되어 있는 타입으로, 겨울이 가고 봄이 오는 타입인 만큼 겨울 다크 타입과 비교해 보면 확연하게 고채도의 선명하고 깨끗한 느낌이라 활동적인 이미지가 강합니다.

겨울 브라이트 타입은 블루 베이스의 선명하고 밝은 느낌이 가미되어 있다면 가장 좋습니다. 대표적인 컬러로는 중명도 고채도의 대비가 강한 레몬 옐로, 사파이어 블루, 체리 레드, 푸시아, 퍼플 등이 있습니다. 전체적으로 블루 베이스로 이루어진 컬러라는 것을 알 수 있습니다. 블루 베이스가 잘 어울리면서 비비드하거나 강렬한 톤이 잘 맞는다면 겨울 브라이트 타입일 확률이 높습니다.

특히 겨울 브라이트 타입은 회색이 가미된 톤은 피하는 것이 좋으며, 파스텔 톤 중에서는 화이티시 톤에 한해 사용이 가능합니다. 파스텔 톤을 드레이핑했을 때 확연하게 이목구비가 흐릿해 보이거나 밋밋해 보이는 현상이 나타나니 주의하여 사용하는 것이 좋습니다.

겨울 타입의 사람들은 전체적으로 시크하고 세련된 이미지를 가진 분이 많습니다. 밝은 피부에 핑크빛이 감돌거나, 주로 중명도에서 어두운 피부 톤인 편이고 전체적으로 약간 붉거나 피부에 푸른빛이 감도는 피부를 가진 분들이 많습니다.

겨울 타입은 컬러감이 센 비비드한 톤을 이용한 또렷하면서 깔끔한 원 포인트 메이크업이 잘 어울립니다. 블러셔를 생략하고 립에 포인트를 주는 등 한 곳을 집중하여 메이크업하는 것이 좋습니다.

07

측색기 활용법

측색이란 말 그대로 '보이는 색을 객관적으로 파악하기 위해 색을 측정하는 것'을 뜻합니다. 퍼스널 컬러 진단 시 피부 측색 과정이 왜 필요한지, 꼭 알아야 하는 부분인지 의아해 할 수도 있습니다. 측색은 진단 과정에 있어 중요한 부분임에도 인터넷 곳곳에 '측색기는 정확하지 않다', 혹은 '의미가 없다'며 측색기 자체를 부정하는 듯한 글들이 종종 보여 측색이 왜 필요한지 그 이유를 간단히 설명해 드릴까 합니다.

측색은 두 가지 방법으로 분류할 수 있습니다.
첫 번째, 사람의 경험과 노하우, 감각에 의존한 육안 측색
두 번째, 측색기(색채 측정기)와 같은 기기를 이용한 측색

▲ 스토그래피에서 사용하는 두 가지 측색기

인간의 눈으로 판별해낼 수 있는 색은 가시광선에서 200가지, 약 500가지 단계의 밝기(명도), 20가지 단계의 채도이며 이것들을 계산하면 약 200만 가지 정도 됩니다. 아무리 과학이 발전했다고 한들 아직까지는 인간의 눈으로 판별해낼 수 있는 200만 가지의 색역을 능가하는 기기가 없기 때문에 산업 현장에서 색을 판단하는데 있어 최종적으로는 사람의 감각을 우선으로 두고 있습니다. 그러나 객관적인 데이터 분석을 위해서는 기기를 이용하여 측색하는 것이 가장 바람직합니다. 어찌되었든 인간의 감각과 경험, 노하우라는 것은 외부 환경 조건에 의해 영향을 받기도 하고 이것만으로 객관적인 데이터를 구축하기는 힘들기 때문이죠.

※ 눈꼬리에서 직선, 입꼬리에서 수평 부분 방향을 잽니다.

스토그래피에서는 두 가지의 측색기를 사용하고 있습니다. 한 가지는 CUBE 라는 측색기이고 나머지는 신코社에서 판매하고 있는 X-Rite라는 컬러리스트용 고급 측색기입니다. 특히, CUBE 측색기는 가볍고 색을 읽기도 편해서 컨설팅 시 자주 사용하고 있습니다. 측색기의 결과값은 기계마다 다르고 어떤 부위를 재느냐에 따라 다르기 때문에 스토그래피의 경우 동일한 부위에 동일한 기계를 사용하여 측색을 하며, 이 결과 값을 기록해 내부적으로 데이터 통계를 내고 있습니다. 육안으로만 피부색을 판단하면 본인이 생각한 결과가 나오지 않았을 경우 의구심이 들 수 있지만, 육안 측색과 함께 기계 측색을 하면 더 정확한 데이터를 고객에게 제공할 수 있어 설득력 있게 조언할 수 있습니다.

고객에게 진단 전 자신이 어떤 타입일 것 같냐고 물으면 85% 정도가 '가을 웜'이라고 대답합니다. 명확한 기준점이 없으니 스스로 '난 동양인이니까 피부가 노래', '내 친구보다 피부가 어두워'라며 주관적인 잣대로 판단해 버리기 때문입니다.

1차 측색 데이터와 2차 드레이핑 결과가 수치상으로 일치하는 경우가 스토그래피 내부 통계 시스템으로 보면 약 75% 정도 됩니다. 확실히 붉은 피부를 가진 사람들은 쿨톤일 확률이 높았고 노란 피부를 가진 분들은 웜톤일 확률이 높았습니다. 하지만 말 그대로 확률이 높은 것이지 피부 톤이 붉거나 노랗다고 해서 쿨톤과 웜톤으로 정확하게 판단하기는 어렵습니다. 노란 피부를 가진 고객 10명 중 7명은 실제 드레이핑 시 웜톤이 나왔습니다. 그중 3명은 노란 피부를 가졌으나 쿨톤으로 결과가 나왔습니다. 반대로, 붉은 피부를 가진 10명의 고객 중 7명은 드레이핑 시 쿨톤이 나왔지만 그중 3명은 웜으로 나온 경우도 있습니다. 이처럼 말 그대로 통계입니다. 보편적으로 그런 것이지 무조건적인 확률은 아닙니다. 따라서 측색 수치에만 의존해서도 안되고 당연히 육안으로 보는 것만 의존해서도 안됩니다.

스토그래피에서 측색을 하는 이유는 내부 통계를 이용하여 1차적으로 피부 톤을 식별하기 위함이 가장 크고 그 다음으로는 파운데이션 컬러를 보기 위해서입니다. 측색 단계가 생략되었다고 한번 생각해 볼까요? 육안으로 웜톤으로 판단된 고객이 있다고 가정합니다. 이 고객은 테스트 후 '저는 진단 결과가 웜톤으로 나왔으니 화장품 매장에 가서 옐로 베이스를 구매하면 되나요?'라고 질문을 던질 수 있습니다. 측색 단계가 없었다면 "네, 피부가 노란 편이시니 옐로 베이스를 사용하셔야 합니다"라고 대답했을 겁니다. 여기서 측색을 통해 피부 톤을 한 번 더 확인하면 '웜톤으로 나왔지만 피부 톤은 조금 붉은편이기 때문에 무조건적으로 옐로 베이스를 사용하면 피부에서 뜰 수도 있습니다'라는 멘트를 덧붙여 이야기할 수 있게 됩니다. 고객 입장에서는 더욱 신뢰성 높은 정보를 얻게 되는 셈입니다.

퍼스널 컬러에서 피부 측색은 결과의 오차가 많고 완벽하지 않으니 전혀 의미가 없다고 하는 분들이 있습니다. 스토그래피는 오랜 시간 동안 누적된 고객의 평균치를 데이터화하여 분석하기 때문에 전문가에게 이 측색 데이터는 무척이나 유의미합니다. 즉, 측색 후 드레이핑을 하게 되면 결과에 대한 오차 범위는 더욱 줄어들고 이러한 데이터들이 쌓여 신뢰도 높은 검사 결과를 제공할 수 있게 됩니다.

요약하면, 측색기의 결과에만 의존하는 것은 당연히 전문적이지 않지만 컬러에 대한 객관성과 기본적인 컬러와 톤을 구별하기 위해 측색기를 사용하는 것은 필수이며, 측색기를 비전문적으로 보거나 측색 데이터에 의미가 없다고 판단하는 것은 잘못된 생각입니다.

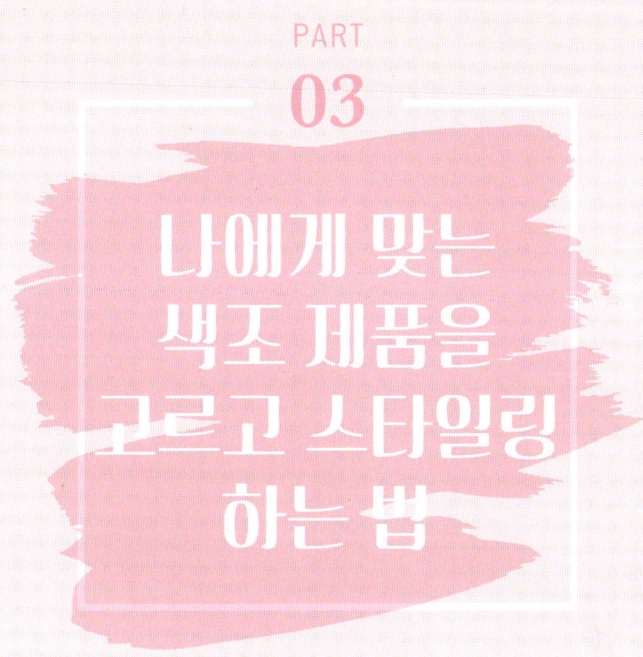

나에게 맞는
색조 제품을
고르고 스타일링
하는 법

내가 가지고 있는 립과 섀도, 블러셔가
어떠한 계절에 해당하는 타입인지 비교해 보고 정리하는 작업을 통해
나에게 맞는 톤과 컬러를 쉽게 파악하여 어울리는 메이크업을
완성하는 방법을 소개합니다.

01

립스틱 고르기

많은 분들이 립스틱을 고를 때 핑크가 잘 어울린다고 생각되면 쿨톤 계열을, 오렌지 계열이 잘 어울린다고 생각되면 웜톤 계열의 색상을 고르곤 합니다. 또한, 따뜻한 핑크 계열의 립스틱이라 할지라도 '핑크 컬러니까 쿨톤 계열이 겠지'라고 판단해 버리는 경우도 많습니다.

아래 예시를 한번 살펴볼까요? 둘다 핑크 계열이지만 왼쪽은 빨간색에서 온 핑크, 오른쪽은 자주색에서 온 핑크입니다.

▲ 왼쪽 : 빨간색에서 온 핑크 / 오른쪽 : 자주색에서 온 핑크

빨간색에서 온 핑크는 웜톤의 핑크에 가깝습니다. 빨강이라는 컬러가 만들어 지려면 마젠타와 옐로가 필요한데, 옐로가 베이스로 들어갔기 때문에 웜톤 계열이라고 볼 수 있습니다. 자주에서 온 핑크라면 쿨톤의 핑크가 됩니다. 자주색이 만들어지려면 빨강에 파랑을 첨가해야 하는데, 이 자주색에 흰색을

가미시켜 만든 핑크를 쿨핑크라고 부릅니다. 이처럼 립스틱을 웜/쿨로 구분 지을 때 가장 큰 틀은 옐로 베이스냐, 블루 베이스냐에 따라 나눠진다고 볼 수 있습니다. 참고로 핑크나 레드 립스틱과는 달리 오렌지나 플럼(퍼플) 계열 의 립스틱은 명확하게 웜과 쿨로 나누어집니다.

> ### 먼지나방의 한마디
> 웜과 쿨 어디에도 치우치지 않은, 빨강도 자주도 아닌 중간에 해당하는 핑크색도 있습니다. 이 중간 핑크 는 KS에서 지정한 중간 핑크색을 기준으로 보면 됩니다.

낭언한 얘기이지만, 비비드한 톤의 드레이핑 천을 얼굴에 댔을 때 어울리지 않는다면 비비드한 톤의 립도 어울리지 않습니다. 소프트한 톤의 드레이핑 천이 어울린다면 립 제품도 소프트한 톤이 어울립니다. 이처럼 나에게 어울 리는 옷의 스펙트럼을 기반으로 어울리는 립의 톤을 파악할 수 있습니다. 패 션과 메이크업에 적용되는 톤은 다르지만, 어울리는 톤 근처에 분포되어 있 는 색들은 대부분 잘 어울리기 마련입니다. 이처럼 블루 베이스와 옐로 베이 스의 차이, 그리고 톤(명도와 채도)만 알아도 구매하려는 립스틱이 어떤 톤인 지 또, 어떤 퍼스널 컬러 계절 타입에 해당하는지 파악할 수 있습니다.

그럼, 지금부터 각기 다른 계열의 컬러와 톤의 발색을 비교하면서 웜 컬러인 지 쿨 컬러인지 구분해 보도록 하겠습니다. 립스틱의 경우 개인의 피부와 입 술 색에 따라 발색이 달라지기 때문에 이 톤이 어울린다, 아니다를 판단할 때 는 입술에 '직접' 발색해 봐야 합니다. 예를 들어 내 입술은 '립스틱 발색 시 채도가 높게 올라온다', '흰기가 올라온다', '푸르게 올라온다'면 채도가 떨어 지거나 더 어두운 톤을 발라준다든지, 따뜻한 톤을 발라 주는 것으로 자신에 게 맞는 립스틱을 찾을 수 있습니다.

립 컬러의 기준은 입술 전체를 발색했을 때로 정합니다. 조금만 톡톡 발라 발색하면 이상한 점을 느끼지 못할 확률이 크고 립 컬러를 소량으로 사용하는 방법은 활용의 방법이지 퍼스널 컬러 테스트에서 지향하는 방법이 아닙니다. 풀발색이 부담스럽거나 어색하다고 느껴지는 분들은 풀발색으로 먼저 테스트한 후 원하는 방식으로 사용하도록 합니다. 여기서 '립이 잘 어울린다'의 기준은 '그럭저럭 잘 어울린다'가 아닌 최상으로 자신과 잘 어울리는 컬러를 찾는 것에 집중되어 있습니다.

그럼 이제 각기 다른 계열의 컬러와 톤을 비교하면서 웜톤과 쿨톤을 구분해보도록 하겠습니다.

vv톤
봄의 레드 vs 겨울의 레드

하트퍼센트 도트 온 무드 퓨어 글로우 틴트 09 퓨어레드 vs 맥 루비우

왼쪽 레드가 토마토에서 온 레드 느낌이라면 오른쪽 컬러는 체리 레드빛 느낌입니다.

vv톤
봄의 레드 핑크 vs 겨울의 레드 핑크

홀리카홀리카 하트크러쉬 젤리벨벳 틴트 01 브레이싱 vs
샤넬 루쥬 코코 플래쉬 92 아무르

왼쪽의 레드 핑크는 노란 기운이 감돌고 오른쪽의 레드 핑크는 좀 더 차가운
푸른빛이 감돕니다.

st톤
봄의 레드 vs 겨울의 레드

토니모리 겟잇 틴트 컬러풀 워터 05 칠리페퍼 vs 뮤드 글라세 립 틴트 08 콜드 체리

왼쪽이 오렌지에서 온 레드 느낌이라면 오른쪽 컬러는 체리 레드빛이 감돕
니다.

lt톤
봄의 핑크 vs 여름의 핑크

데이지크 쥬시 듀이 틴트 17 피그베리 vs 3CE 시럽 레이어링 틴트 얼라이브핑크

왼쪽 핑크는 따뜻한 코랄 핑크에 가깝고 오른쪽 핑크는 자주빛이 감도는 핑크입니다.

vv-lt톤 사이
봄의 핑크 vs 여름의 핑크

투쿨포스쿨 플레르 틴트 3호 티어풀 vs
입큰 퍼스널 무드 워터 핏 쉬어 틴트 03 퓨어 베리

비슷한 톤의 핑크이지만 컬러에서는 확연한 차이를 보입니다. 왼쪽 컬러는 레드 컬러에서 온 따뜻한 핑크인 반면, 오른쪽 컬러는 블루 베이스에 더 가까운 느낌입니다.

lt-st톤 사이
봄의 코랄 vs 여름의 핑크

롬앤 쥬시 래스팅 틴트 09 리치 코랄 vs
웨이크메이크 워터 블리링 픽싱 틴드 07 베리 피즈

왼쪽이 따뜻한 옐로 베이스의 코랄이고 오른쪽이 블루 베이스를 가진 쿨핑크
입니다.

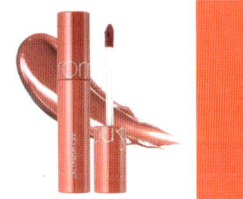   

dp톤
가을의 레드 vs 겨울의 레드

뮤드 소프트 블러 틴트 14 번트 시에나 vs 롬앤 쥬시 래스팅 틴트 17 플럼콕

위의 두 가지 립스틱과 비교했을 때 어두운 레드입니다. 왼쪽은 갈색에서 온
레드, 오른쪽은 푸른기가 가미된 레드입니다.

dk톤
가을의 레드 vs 겨울의 레드

힌스 무드 인핸서 마뜨 플레어 vs
입큰 퍼스널 무드 워터 핏 쉬어 틴트 08 크림슨 레이크

아주 어두운 dk톤의 립입니다. 가을의 레드는 이렇게 갈색에서 온 느낌의 레드이고 겨울의 레드는 버건디 컬러처럼 검붉으면서 검푸릅니다.

dp-st 톤 사이
가을의 레드 vs 겨울의 레드

뮤드 글라세 립 틴트 04 번트 칠리 vs 롬앤 쥬시래스팅 틴트 12 체리 밤

dp-st 사이의 톤 다운된 레드입니다. 왼쪽은 따뜻한 느낌, 오른쪽은 차가운 느낌의 레드입니다.

sf톤
가을의 핑크 vs 여름의 핑크

롬앤 쥬시래스팅 틴트 19 아몬드 로즈 vs
페리페리 잉크 무드 메트 스틱 006 모브병 유발

흰색만 혼합된 고명도의 틴트 계열은 가볍고 맑은 느낌이 강하지만 밝은 회색이 혼합된 경우는 차분한 느낌을 줍니다. 왼쪽이 옐로 베이스가 가미된 핑크 베이지, 오른쪽이 블루 베이스가 가미된 모브 핑크입니다.

dl톤
가을의 핑크 vs 여름의 핑크

딘토 블러글로이 립 틴트 217 팍스로마나 vs
힌스 무드인핸서 워터 리퀴드 글로우 리파인드

어두운 회색이 가미된 dl톤의 립입니다. 확실히 탁한 느낌이 들죠? 회색에 순색이 얼만큼의 비율로 혼합되었느냐에 따라 색의 느낌과 톤이 달라지게 됩니다. 왼쪽이 레드에서 온 핑크, 오른쪽이 자주에서 온 핑크입니다.

dl-dp톤 사이
가을의 레드 vs 여름의 레드

삐아 라스트 벨벳 틴트 V36 태연한척 vs
하트퍼센트 도트 온 무드 퓨어 글로우 틴트 08 플럼모브

왼쪽이 레드에서 온 따뜻한 말린 장미 느낌이라면 오른쪽 컬러는 자주빛에서
온 말린 장미 느낌이 납니다.

  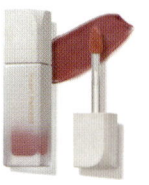 

sf-st톤 사이
가을의 말린 장미 vs 여름의 말린 장미

퓌 립앤치크 블러리 푸딩팟 RS03 페이디드 vs 롬앤 블러 퍼지 틴트 06 모비쉬

아래와 같이 말린 장미 컬러도 따뜻한 레드에서 온 것과 자주에서 온 색상에
따라 완전히 다릅니다.

02

섀도 고르기

섀도 구분의 가장 큰 틀 또한 블루 베이스냐, 옐로 베이스냐입니다. 쿨 타입에게 어울리는 섀도는 핑크빛이 돌면서 노란기가 적은 제품인데, 로즈 브라운 혹은 핑크 브라운이라고 생각하면 쉽게 이해할 수 있습니다. 쿨톤이라고 하면 파란색이나 보라색 섀도와 같은 색상만 떠오를 수 있으나, 브라운이더라도 컬러 조합에 따라 웜 브라운과 쿨 브라운으로 나눌 수 있습니다. 또한 '붉다' 싶으면 모두 쿨톤 섀도라고 생각하는 경우도 많은데 브릭 컬러처럼 노랗고 붉은 컬러감을 가진 제품은 웜톤에, 분홍빛 혹은 모브빛이 돌면서 톤 다운된 브라운 계열은 쿨톤에 가깝습니다.

웜 타입은 분홍빛이 감도는 컬러보다 살구나 오렌지 계열 혹은, 톤 다운된 베이지 계열이 어울립니다. 웜 타입 중에서도 봄에 해당된다면 살구, 피치, 따뜻한 핑크, 살몬 등의 컬러가, 가을의 경우 노란기가 가미된 갈색이나 베이지, 코퍼 계열들까지 잘 어울립니다.

섀도 역시 립과 마찬가지로 음영을 표현할 때 나에게 맞는 톤과 컬러를 사용해야 하는데, 많은 분들이 자신은 음영 자체가 어울리지 않는다며 섀도를 아예 사용하지 않기도 합니다. 이것은 어울리지 않아서가 아니라, 자신과 맞지 않은 컬러와 톤을 사용했기 때문입니다. 맞지 않은 컬러를 사용했을 때는 색이 피부를 밀어내 오히려 눈이 부어 보이거나 칙칙해지기도 합니다. 눈두덩이의 색과 개인이 가진 이목구비의 특징에 따라서 차이가 있지만, 대체적으로 어울리는 색조의 섀도를 바르면 자연스러우면서도 음영감 있는 표현으로 눈이 훨씬 더 그윽해 보입니다.

섀도는 가루 타입이기도 하고 텍스처에 따라 발색이 모두 다르기 때문에 케이스를 통해 외색을 보는 것보다 피부에 직접 발색을 해보는 것이 좋습니다. 예를 들어 눈두덩이가 어둡다면 그 위에 섀도를 올렸을 때 육안으로 보는 색상에 비해 훨씬 더 탁하게 나타나는데, 이런 부분들을 유념하여 테스트해야 합니다. 나에게 맞는 섀도는 풀발색 했을 때를 기준으로 합니다. 잘 어울린다의 기준은 눈두덩이에 섀도를 올렸을 때 자연스러운 음영감을 주면서 컬러와 톤이 튀지 않는 것입니다.

> **먼지나방의 한마디**
> 베이스를 깔고 그 위에 올리는 컬러와 톤은 조금 더 튀어도 괜찮답니다.

그럼 이제 각기 다른 계열의 컬러와 톤을 비교하면서 웜톤과 쿨톤을 구분해 보겠습니다.

봄의 음영 vs 가을의 음영

더페이스샵 모노 큐브 아이섀도우 BR01 진저릴리 vs 삐아 섀이드 앤 섀도우 모태 그윽

사진을 보면 명도가 확연하게 티가 나죠? 봄의 음영은 밝은 아이보리빛의 pl톤이라면, 가을의 음영은 sf톤의 브라운입니다. 실제로 봄인 분들이 너무 어두운 톤으로 화장을 하게 되면 칙칙해집니다. 반대로 가을인 분들이 밝은 톤으로 음영을 만들게 되면 허옇게 뜨는 느낌을 받을 수 있습니다.

여름의 음영 vs 겨울의 음영

디올 백스테이지 아이팔레트 002 쿨뉴트럴 7번 컬러 vs 웻앤와일드 E337 1번 컬러

동일하게 분홍색의 느낌이 나지만 명도의 차이가 있습니다. 두 컬러 모두 차가운 느낌을 주는 핑크 브라운 계열입니다.

먼지나방의 한마디

피부 톤에 따라 다르지만, 대체적으로 봄/여름 분들은 고명도~중명도 피부를, 가을/겨울인 분들은 중명도~저명도 피부를 지니고 있습니다. 그 때문에 고명도가 잘 어울리는 사람이 저명도 컬러와 톤을 사용하여 음영을 표현한다면 상대적으로 칙칙해 보일 수 있고, 저명도가 잘 어울리는 사람이 고명도에 해당하는 컬러와 톤으로 음영을 표현한다면 떠 보일 수 있습니다.

봄의 브라운 팔레트 vs 가을의 브라운 팔레트

3CE 멀티 아이 컬러 팔레트 디어누드 vs
피치씨 소프트 무드 아이섀도우 팔레트 소프트브라운

pl톤부터 lt-sf톤까지 봄의 팔레트는 가볍고 밝은 느낌이 강합니다. 아무리 어두워도 dl톤 밑으로는 가지 않습니다. 가을 팔레트는 분위기 있고 그윽하면서도 우아한 느낌을 줍니다. 봄과는 반대로 밝고 선명한 색상들이 잘 어울리지 않습니다. 가을 딥 타입에 해당하는 분들의 메이크업은 짙은 스모키 메이크업이 잘 어울리기 때문에 전체적으로 sf~dp톤, dk톤까지 어두운 느낌을 지닌 팔레트의 구성이 많습니다.

여름의 브라운 vs 겨울의 브라운

입큰 퍼스널무드 팔레트 9구 쿨 프레스드 vs 바비브라운 바비스 쿨 아이섀도우 팔레트

여름의 팔레트는 전체적으로 핑크기가 돌면서 회색이 살짝 가미되어 있습니다. 밝은 톤부터 중명도 톤으로 구성되어 있으며 겨울 팔레트는 여름에 비해 핑크기는 제외, 블랙이 많이 가미되어 있는 것을 볼 수 있습니다.

봄의 핑크 vs 여름의 핑크

클리오 프로 아이 팔레트 01 심플리 핑크 6번 컬러 vs
디올 백스테이지 아이 팔레트 002 쿨뉴트럴 7번 컬러

같은 pl톤의 핑크입니다. 왼쪽의 핑크는 레드에서 온 따뜻한 핑크, 오른쪽의
핑크는 자주빛을 띠는 핑크입니다.

가을의 브라운 vs 겨울의 브라운

피치씨 소프트 무드 아이섀도우 팔레트 소프트브라운 8번 컬러 vs
디올 백스테이지 아이 팔레트 002 쿨뉴트럴 9번 컬러

많은 분들이 브라운은 무조건 웜이라고 생각합니다. 브라운 컬러는 주황에
검정을 섞어 만들기 때문에 웜 컬러가 많습니다만, 붉은기와 노란기가 얼만
큼 가미되었느냐에 따라서 웜브라운과 쿨브라운으로 나눌 수 있습니다. 왼쪽
은 붉은기와 노란기가 어느 정도 가미된 웜브라운, 오른쪽은 붉은기와 노란
기가 많이 빠진 차콜에 가까운 쿨브라운입니다.

03

블러셔 고르기

립, 섀도와 마찬가지로 블러셔를 고를 때 가장 중시해야 하는 부분 역시 옐로 베이스냐, 블루 베이스냐입니다. 블러셔는 가루 타입이며 텍스처에 따라 발색이 모두 다르기 때문에 외색을 통해 컬러를 확인하는 것보다 직접 발색해 보는 것이 좋습니다. 예를 들어 얼굴에 홍조가 심하다면 그 위에 블러셔를 올렸을 때 훨씬 더 채도가 올라오게 됩니다. 블러셔는 섀도나 립스틱과 달리 사용할 수 있는 컬러나 톤이 한정적이기 때문에 다른 화장품보다 훨씬 수월하게 구분할 수 있습니다.

블러셔 역시 테스트할 때 가루를 살짝만 털어 볼에 쓸어 주듯 사용하는 것이 아니라 풀발색 했을 때를 기준으로 합니다. 잘 어울린다의 기준은 볼에 블러셔를 올렸을 때 자연스럽고 화사한 느낌을 주면서 컬러와 톤이 튀지 않는 것입니다.

웜 타입 중 봄 라이트 타입에게 어울리는 블러셔는 흰색이 많이 가미된 뽀얀 느낌의 블러셔이고 봄 브라이트 타입에게 어울리는 블러셔는 비슷한 계열이면서 좀 더 채도가 올라간 코랄이나 오렌지 계열입니다.

▲ 위쪽 : 롬앤 W03 애프리콧 밀크 / 오른쪽 : 롬앤 01 탠저린칩

쿨 타입 중 여름 라이트 타입에게 어울리는 블러셔는 흰색이 많이 가미되어 뽀얀 느낌이 들고 여름 뮤트 타입에게는 비슷한 컬러 계열이면서 좀 더 톤 다운된 지주빛과 같은 블러셔가 어울립니다.

▲ 왼쪽 : 홀리카 클린핑크 / 오른쪽 : 오에니르 뮤티드 블러셔 05 피아

가을 뮤트 타입은 톤 다운된 sf톤이나 dl톤이 어울립니다. 가을 딥 타입에게 어울리는 블러셔는 좀 더 어두워도 좋습니다. 단, 어둡더라도 채도는 어느 정도 있는 것을 골라야 합니다.

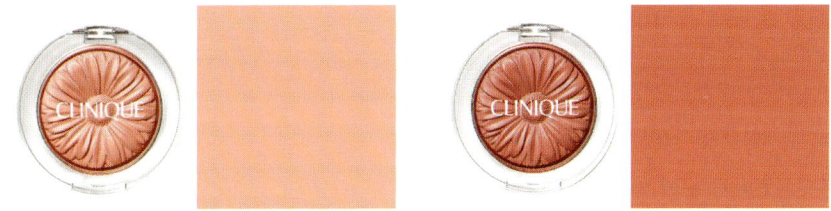

▲ 왼쪽 : 크리니크 치크 팝 누드 팝 / 오른쪽 : 크리니크 치크 팝 피그 팝

겨울 브라이트 타입은 채도가 있는 블러셔가 어울립니다. 다음 사진과 같이 자두 느낌이 나도 잘 어울립니다. 단, 홍조가 있다면 여름 라이트 타입에 해당하는 제품을 사용해도 무방합니다.

▲ 왼쪽 : 맥 글로우 플레이 블러쉬 로지 더스 잇 / 오른쪽 : 롬앤 베러 댄 치크 N02 바인 누드

겨울 다크 타입에게 어울리는 블러셔는 톤 다운된 컬러들이 주를 이룹니다. 겨울 다크는 여름 뮤트와 블러셔 타입이 같습니다. 쿨 타입 중에서도 연보라색 계열은 겨울 타입이 사용하게 되면 상당히 창백해 보이니 주의해야 합니다.

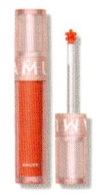

▲ 왼쪽 : 크리니크 치크 팝 누드 팝 / 오른쪽 : 어뮤즈 소프트 크림 치크 20 pomme

블러셔 중에서도 빨강과 자주가 아닌, 중간에 해당되는 핑크색이 있습니다. 이런 컬러들은 웜과 쿨에 걸친 분들이 사용하기 좋은 아이템입니다.

그럼 이제 각기 다른 계열의 컬러와 톤을 비교하면서 웜톤과 쿨톤을 구분해 보도록 하겠습니다.

봄의 핑크 vs 가을의 핑크

크리니크 치크 팝 19 블러쉬 팝 vs 롬앤 베러 댄 치크 B02 베리 던

블러쉬 팝은 따뜻하면서 밝은 핑크빛으로 골드펄이 자잘하게 들어가 있는 제품입니다. 롬앤 베러 댄은 중명도의 따뜻한 핑크 컬러라 가을 뮤트 타입 중 핑크가 잘 어울리는 분들이 무난하게 사용할 수 있습니다.

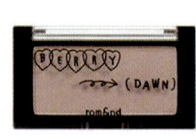

봄의 레드 vs 겨울의 레드

네이밍 플레이풀 크림 블러쉬 inflamed vs 비셰 크림치크 RD-06

네이밍 플레이풀 크림 블러쉬는 잘 익은 노란기 감도는 빨간 사과 같은 느낌의 색상입니다. 비셰 크림치크는 차가운 체리빛 빨강에 가깝습니다.

봄의 살구 vs 가을의 오렌지 브라운

피치씨 코튼 블러셔 피오니 피치크 vs 어퓨 과즙팡 젤리 블러셔 BE02 무정한무화과

피오니 피치크가 희고 뽀얀 느낌의 살구빛 컬러라면, 어퓨 젤리 블러셔는 톤다운된 오렌지 브라운에 가깝습니다.

봄의 핑크 vs 여름의 핑크

크리니크 치크 팝 19 블러쉬 팝 vs 홀리카 홀리카 피스매칭 블러셔 클린핑크

치크 팝 블러쉬 팝은 뽀얗고 따뜻한 핑크라면, 피스매칭 블러셔 클린핑크는
아주 뽀얀 톤의 자주빛 핑크 블러서입니다.

여름의 핑크 vs 겨울의 핑크

크리니크 치크 팝 21 발레리나 팝 vs VDL 치크스테인 블러셔 02 페이보릿 라벤더

치크 팝 발레리나 팝이 화이트 컬러에 자주빛 물감을 두어 방울 탄 느낌이라
면, VDL 치크스테인 블러셔는 자주빛 물감에 회색을 꽤 넣어 탁하게 변한 색
상입니다.

04

색조 톤 조합 활용법

메이크업은 굉장히 다양한 표현법이 존재하기 때문에 색상표에 근접해 있는 색과 톤을 적절히 조합하여 활용하면 퍼스널 컬러에 대한 이해도가 높아지고 사용할 수 있는 범위가 훨씬 넓어집니다. 메이크업 제품의 경우 면적 자체가 적은 부분에 속하기 때문에 활용하기 나름입니다. 색을 감각적으로 이해하는 것도 좋지만, 학문적인 관점에서 한 번 더 이해해 주면 더욱 체계적이고 명확한 색채의 조화를 알 수 있습니다.

립

sf톤은 어울리지만 vv톤이 어울리지 않는 사람이 입술을 좀 더 생기 있게 표현하고 싶다면 sf톤과 st톤 혹은, sf톤과 dp톤을 믹스하여 사용하면 좋습니다.

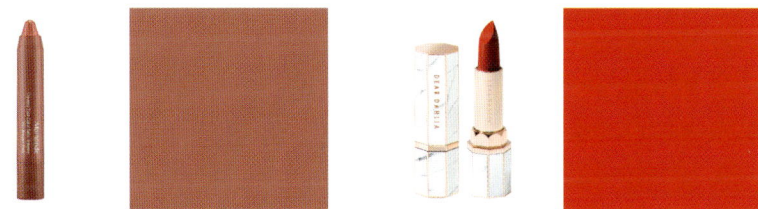

▲ 마몽드 크리미 틴트 컬러밤 인텐스 01 부케누디 & 디어달리아 립 파라다이스 인텐스 새틴 806 루비

vv톤이 어울리지 않지만 vv톤의 립을 사용하여 포인트를 주고 싶다면 그러
데이션으로 표현하면 됩니다.

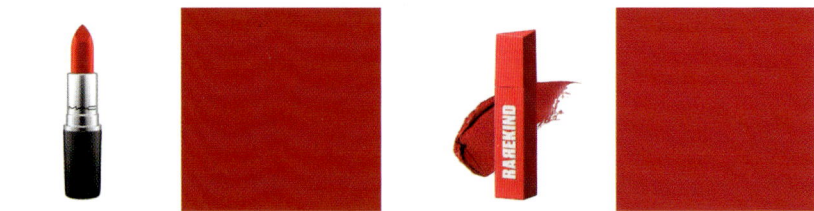

▲ 맥 루비우 & 레어카인드 오버스머지 테이크오프

vv한 톤이 어울리지만 튀는 톤으로 립을 표현하고 싶지 않다면 vv-lt 사이의
톤을 사용하여 무난한 느낌을 줄 수 있습니다.

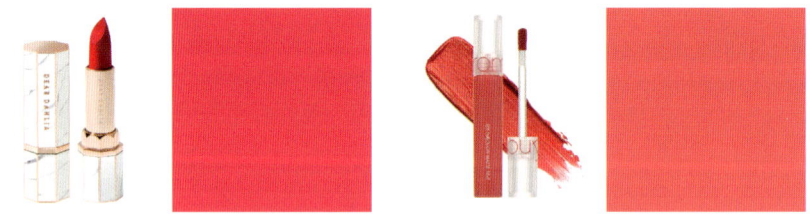

▲ 디어달리아 립 파라다이스 인텐스 새틴 801 스텔라 & 롬앤 시스루 매트 틴트 01 핑크 폴드

dk톤의 립이 어울리지만 어두운 톤이 너무 부담되거나 데일리로 활용하기
쉽지 않다면 dk톤 위쪽에 있는 sf톤이나 dl톤처럼 회색빛이 들어간 톤을 베
이스로 사용한 다음, 안쪽에만 dk톤이나 dp톤을 그러데이션하면 톤이 예쁘
게 조합됩니다.

▲ 디어달리아 립 파라다이스 애포트리스 매트립스틱 M101 베일리 & 힌스 무드 인핸서 마뜨 플레어

섀도

브라운 계열 이외의 붉은 느낌 혹은 퍼플 느낌을 살리고 싶다면 눈 앞머리나 훨씬 더 국소 부위에 포인트 컬러로 활용하도록 합니다. 섀도 또한 베이스를 시작으로 톤을 쌓아간다는 느낌으로 덧발라 주는 것이 좋습니다.

▲ 타르트 팔레트

예를 들어 pl톤으로 베이스를 칠한 후 그 위에 dp톤이나 dk톤을 사용하면 중간 톤이 없어 어색해 보입니다. 중간 톤인 sf톤이나 dl톤을 넣어 pl톤과 dk톤을 이어줄 수 있도록 합니다.

블러셔

흰색이 많이 가미된 톤을 사용해서 발색한 후 채도 있는 톤의 블러셔를 레이어링하여 살짝 포인트를 줍니다. 어두운 톤이 부담된다면 밝은 톤을 칠한 후 그 위에 어두운 톤의 블러셔를 살짝만 털어 그러데이션으로 발색해 주면 좋습니다.

내가 사용하고 싶은 색상들이 조금 더 조화롭게 보이려면 색상환에서 양옆에 인접해 있는 색상을 사용하는 게 좋습니다. 이것을 유사 색상 배색이라고 하는데, 말 그대로 A라는 색 옆에 있는 유사한 색상을 말합니다. 유사색을 사용하면 안정감을 줄 수 있습니다.

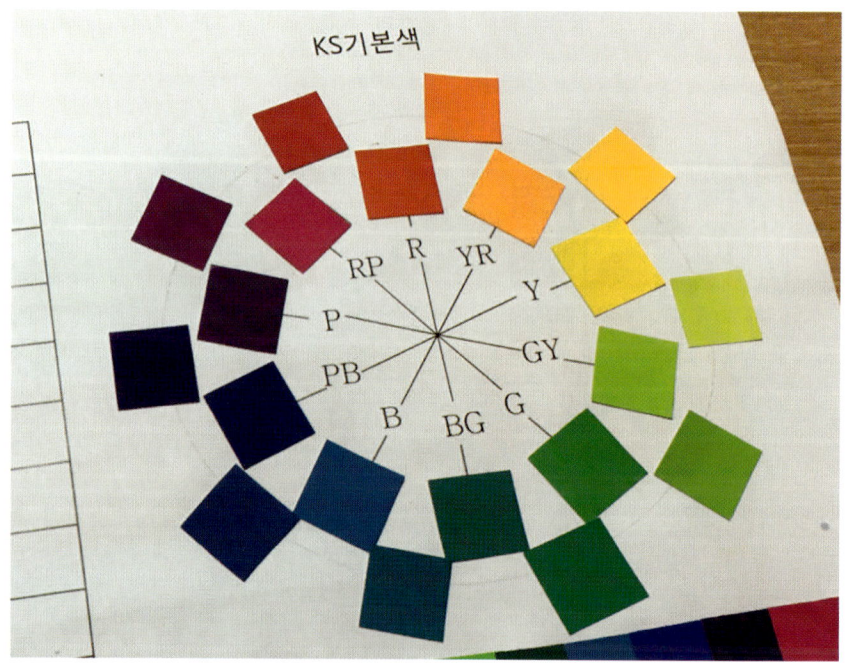

05

내 퍼스널 컬러로
스타일링 하는 방법

퍼스널 컬러를 토대로 컬러와 톤을 적절히 사용한다 해도 내 체형과 이미지에 맞지 않는 스타일링을 하면 개인 고유의 매력을 반감시키는 결과를 가지고 올 수 있습니다. 여기서는 나에게 어울리는 컬러와 스타일링을 적절하게 혼합하는 팁을 소개합니다.

봄/여름/가을/겨울 타입에 맞는 스타일링

봄 타입의 키워드를 생각하면 '사랑스러운, 트윙클, 경쾌한, 명랑한, 신나는, 가벼운, 빛나는, 생기 있는, 액티비티' 등이 떠오릅니다. 봄 타입은 가벼운 파스텔 톤과 통통 튀는 톤들이 주를 이루고 있기 때문에 반짝이는 실크, 앙고라, 모헤어, 무지나 면(코튼)이 잘 어울립니다.

여름 타입의 키워드를 생각하면 '낭만적인, 부드러운, 깨끗한, 단조로운, 상쾌한, 활기찬, 우아한, 고상한, 엘레강스, 로맨틱, 페미닌' 등이 떠오릅니다. 여름 타입은 우아하거나 여성스러운 느낌이 드는 쉬폰, 레이스, 실크, 폴리에스테르 등 전체적으로 하늘하늘하고 살짝 은은한 광택이 있는 소재가 잘 어울립니다.

가을 타입의 키워드를 생각하면 '중후한, 분위기 있는, 차분한, 화려한, 대담한, 편안한, 자연스러움, 클래식, 에스닉한' 등이 떠오릅니다. 가을 타입은 분위기 있고 차분한 느낌 특히, 자연 그대로에서 온 소재의 까슬까슬한 느낌이 살아 있는 아이템이 좋습니다. 린넨, 가죽, 니트, 광목 소재가 잘 어울립니다.

겨울 타입의 키워드를 생각하면 '지적인, 도회적인, 세련된, 샤프한, 개성 있는, 모던한, 보이시, 심플한, 정돈된, 기품 있는' 등이 떠오릅니다. 겨울 타입은 반짝임이 강한 하이테크 소재나 레이온, 나일론, 묵직하고 뻣뻣한 소재감으로 모던하면서도 깔끔한 느낌을 줄 수 있는 촉감을 가진 소재가 잘 어울립니다.

컬러를 활용한 스타일링

컬러를 볼 때 떠오르는 일반적인 느낌이나 생각나는 이미지를 활용하여 스타일링에 활용할 수 있습니다. 내 이미지가 어느 계절의 키워드와 가까운지 확인한 후 이목구비와 체형에 맞춰 스타일링을 하면 더욱더 시너지 효과를 낼 수 있습니다. 물론, 각자의 이미지나 체형에 따라 같은 디자인이라도 느낌이 확 달라질 수 있으니 직접 스타일링하면서 체크해 보는 것도 잊지 마세요.

화이트는 하체가 발달한 경우 상의에, 상체가 발달한 경우 하의에 배치하면 비율이 좋아 보이는 시각적 효과를 얻을 수 있습니다. 봄 타입이라면 아이보리나 크림 계열, 여름 타입이라면 깨끗한 화이트 컬러, 가을 타입이라면 오트밀 컬러, 겨울 타입이라면 아이시한 화이트를 배치하도록 합니다.

블랙은 계절마다 소재와 디자인에 따라 다르게 코디를 하도록 합니다. 예를 들어 봄 타입은 어두운 블랙이 어울리지 않지만 입고 싶다면 도트 패턴이 들어가 있거나 귀여운 디자인을 배치하도록 합니다. 여름 타입 또한 블랙이 맞지 않지만, 꼭 입어야 한다면 시스루 룩, 스트라이프나 체크와 같은 패턴이 들어간 디자인을 착용하도록 합니다. 가을 타입도 블랙이 베스트 컬러가 아니기 때문에 따뜻한 느낌을 주는 퍼 소재의 검정 아이템을 활용하도록 합니다. 겨울 타입이라면 묵직한 느낌이 드는 블랙이 잘 어울립니다.

그레이는 회색 계열이나 파스텔 톤과의 조합이 참 예쁜 컬러 중 하나입니다. 딥한 톤의 버건디와 내추럴한 카키, 베이지와의 회색 조합은 차분하면서 클래식한 스타일을 완성시킵니다. 가을 타입은 카키와 베이지, 겨울 타입은 어두운 회색이나 버건디와 함께 매치해 보세요.

네이비는 블랙이 어울리지 않는 타입이 활용하기 좋은 색상입니다. 고급스러우면서도 심플한 느낌을 주기 때문에 회색이나 블랙, 화이트와 전부 잘 어울립니다. 봄 타입은 패턴이 들어가 있거나 꽃무늬와 같은 봄을 상징할 수 있는 요소들이 삽입된 네이비 아이템을 매치하면 나쁘지 않게 활용할 수 있습니다. 여름 타입이라면 어두운 네이비가 베스트하게 어울리지 않기 때문에 화이트와 함께 매치하고 가을 타입의 경우 크림색 셔츠에 카멜색 가디건을 입고 네이비 컬러의 면바지를 걸치는 등 브라운 계열과 함께 코디하면 세련된 느낌을 낼 수 있습니다.

오렌지 계열은 스포티한 스타일을 연출할 때 좋고 흰색과 배색 시 아주 경쾌한 느낌이 납니다. 모던한 느낌을 살리고 싶다면 블랙과 함께 코디합니다. 자연스럽고 편안한 이미지를 연출하고 싶다면 내추럴한 베이지 계열과 조합하도록 합니다. 특히 노랑 계열은 다른 비비드 톤들과 함께 사용하면 감각적인 느낌이 연출됩니다. 파랑 계열과 노랑은 근접보색이라 조합이 좋은 편이며, 건강한 이미지나 액티비티한 이미지와 잘 어울리고 키가 큰 사람보다 작은 체구를 가진 사람에게 잘맞습니다. 부드러운 이미지를 표현하고 싶다면 내추럴한 톤과 배색하는 것을 추천합니다. 주로 봄 타입에게 추천하는 컬러 스타일링입니다.

핑크는 사랑스럽고 여성스러운 이미지를 연출해 주는 색상입니다. 모노 톤, 파스텔 톤과의 조화가 좋습니다.

크림색은 밝고 따뜻한 색상으로, 화이트에 노랑이 아주 살짝 섞인 컬러입니다. 아이보리는 크림색에서 노랑이 좀 더 첨가된 컬러입니다. 산뜻한 이미지로 뉴트럴 톤과 중간 색상과의 배색 시 세련된 코디를 연출할 수 있습니다. 모던하게 표현하고 싶을 때는 모노 톤과 매칭하세요.

파스텔 블루는 모노 톤과 사용 시 가장 예쁜 패션을 완성시킬 수 있습니다. 흰색과 배색 코디를 하면 깨끗하고 청량해 보이는 느낌이 듭니다. 여기에 딥 톤을 매칭하면 포인트를 줄 수 있습니다. 주로 봄과 여름 타입에게 추천하는 컬러 스타일링입니다.

사파이어 블루는 세련되면서도 화려한 톤으로 화이트 컬러나 블랙 컬러와 코디했을 때 조합이 아주 좋습니다. 부드럽게 표현하고 싶다면 파스텔 톤과 배색해도 좋습니다. 같은 비비드 톤끼리의 조합도 괜찮은 편입니다. 겨울 브라이트 타입에게 잘 어울리는 컬러입니다.

베이지는 톤 다운된 회색 섞인 황색 느낌의 컬러입니다. 코끼리의 상아를 의미하는 아이보리는 베이지색에 비해 흰색에 가깝고 밝은 느낌이 납니다. 베이지는 흰색과 회색의 조화가 가장 예쁜 컬러로, 따뜻하고 부드러운 색이라서 계절감과 상관없이 많은 분들이 선호합니다. 베이지 컬러는 가을 뮤트 타입에게 가장 추천하는 배색 타입이며 베이지 계열이 어울리지 않는 여름 타입은 코코아 베이지나 밝은 베이지 그리고 노란기가 빠져 회색 느낌이 많이 감도는 베이지를, 겨울 타입은 하의 정도에만 매치하는 것을 추천합니다.

브라운은 고혹적이고 세련되었지만, 어떤 소재를 선택하느냐에 따라 촌스러워질수도 있으니 유의해서 사용해야 합니다. 광택감이 느껴지는 브라운은 우아한 느낌을 주고 울이나 니트 소재는 부드럽고 따뜻한 느낌을 줍니다. 여름이나 겨울 타입에게는 추천하지 않는 컬러이기 때문에 될 수 있다면 사용하지 않되, 꼭 사용하고 싶다면 얼굴과 떨어진 좁은 면적에 배치하도록 합니다.

카키는 흰색과 매치 시 경쾌함이 느껴지며 검정이나 베이지, 크림 컬러와 코디했을 때 제일 안정적인 느낌이 납니다. 딥 그린의 경우 스포티한 스타일이나 캐주얼에 잘 어울립니다. 카키는 비비드 톤, 딥 톤, 내추럴한 베이지와의 조합이 좋은 컬러 중 하나로, 가을 타입에게 추천하는 스타일링 컬러 조합입니다.

06

다양한 색상 접근법

색 속에는 각각의 의미가 내포되어 있어 어떠한 이미지든 색으로 표현할 수 있습니다. 다만, 하나의 색으로는 부족한 경우가 있기 때문에 다양한 색과 톤의 조화를 통해 이미지를 표현해야 합니다. 여기서 사용할 수 있는 방법 중 하나가 바로 배색법입니다.

색에 대해 따로 공부하지 않았더라도 자연이나 문화, 사회, 전통 등을 통해 어느 정도 조화로운 배색 능력이 자연스럽게 습득되어 있습니다. 여기에 배색의 근거가 되는 이론을 정확히 알면 더욱 잘 활용할 수 있습니다. 나에게 어울리는 색상을 토대로 배색법을 파악한 후 허용 톤과 컬러의 범위를 넓혀 나가도록 합니다.

색과 이미지

색을 생각했을 때 사람들이 공통적으로 느끼는 감정이 있습니다. IRI 이미지 차트는 이것을 형용사로 표현하여 색과의 관계를 연구, 기준화해 둔 이미지 스케일 차트입니다.

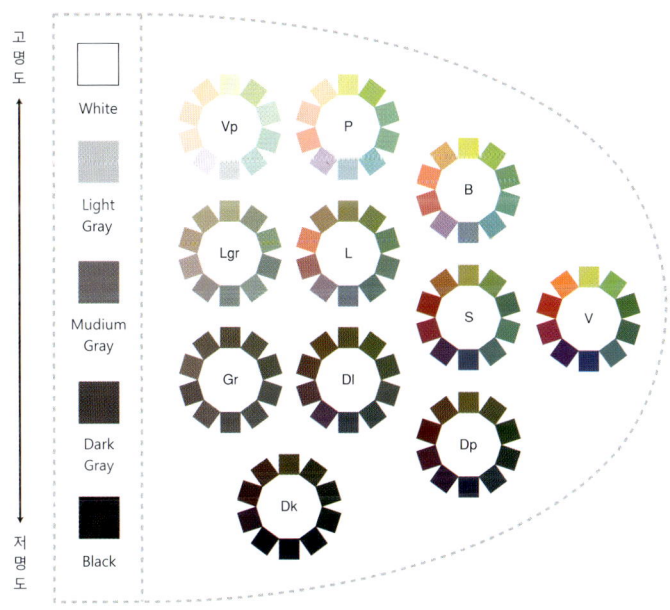

▲ IRI 이미지 차트

봄 타입 사랑스러운, 경쾌한, 명랑한, 신나는, 가벼운, 빛나는, 생기 있는, 활동적인

여름 타입 낭만적인, 부드러운, 깨끗한, 단조로운, 상쾌한, 활기찬, 우아한, 고상한

가을 타입 중후한, 분위기 있는, 차분한, 화려한, 대담한, 편안한, 자연스러운, 에스닉한

겨울 타입 지적인, 도회적인, 세련된, 샤프한, 개성 있는, 모던한, 정돈된, 기품 있는

컬러를 생각했을 때 떠오르는 이미지와 내 이미지가 어느 쪽에 가까운지 체크한 후 나의 이목구비와 체형에 맞춰 스타일링을 하도록 합니다.

색상 배색법

같은 계열의 색상으로 톤만 다르게 상하의를 배치하면 센스 있는 옷차림을 표현할 수 있습니다. 예를 들어 밝은 회색 상의에 차콜 컬러의 하의를 매칭하면 전체적으로 안정감이 느껴집니다. 반대로 차콜 컬러 상의에 밝은 회색 하의를 매칭시키면 위쪽으로 시선이 가기 때문에 무게 중심 역시 위로 쏠리게 되면서 전자의 케이스보다 활동적인 이미지를 연출할 수 있습니다. 다음의 예시를 참고하면서 본인에게 어울리는 다양한 배색법을 생각해 보세요.

약호	R	YR	Y	YG	G	BG	B	PB	P	RP	Pk	Br	Wh	Gy	Bk
기본15색															

색상 / 색조	R 빨강	YR 주황	Y 노랑	YG 연두	G 초록	BG 청록	B 파랑	PB 남색	P 보라	RP 자주		Neutral	Color
기본색												N9.5	
vv 선명한												N9	
dp 진한												N8	
dk 어두운												N7	
dl 탁한												N6	
sf 흐린												N5	
lt 밝은												N4	
pl 연한												N3	
wh 흰												N2	
ltgy 밝은회												N1.5	
gy 회													
dkgy 어두운회													
bk 검음													

톤온톤 배색 동일 색상에 명도와 채도 차가 크게 나는 배색

비비드한 빨강+핑크/남색+하늘색의 조합처럼 같은 색상 내에서 명도와 채도의 차이를 두는 배색 기법을 말합니다. 같은 컬러 안에서 움직이기 때문에 무난하고 안정적인 느낌을 줍니다. 모든 계절 타입과 잘 맞는 배색법입니다. 로맨틱한 이미지나 클래식한 이미지를 만들 수 있습니다.

톤인톤 배색 유사 색상과 같은 톤으로 조화되는 배색

색상은 다르지만 동일한 명도와 채도의 톤을 사용하는 배색 기법으로, 다양한 색으로 연출해도 대비가 강하지 않아 부담스럽지 않습니다. 이 경우 톤에 따라 이미지가 바뀔 수 있는데 채도를 낮게 사용하면 차분하고 편안한 느낌을 주는 반면, 채도가 높아질수록 화려하고 활동적인 느낌을 줍니다. 예를 들어 파랑을 주조색으로 하여 유사 계열인 초록색을 함께 사용한다고 가정하면, 다채로워 보이면서도 나름의 질서를 가지고 있다는 느낌을 줄 수 있습니다. 또한, 내추럴한 이미지와 모던한 이미지를 함께 연출할 수 있습니다.

그러데이션 배색 색상끼리 혹은 톤끼리의 그러데이션 효과를 연출하는 배색

단계적으로 부드러운–딱딱한/딱딱한–부드러운 순으로 서서히 변화시켜 배색합니다. 탁색은 탁색끼리, 순색은 순색끼리, 빨간색은 빨간색끼리, 파란색은 파란색끼리 배색하기 때문에 통일감 있어 보이며 모던하고 댄디한 이미지

를 줍니다. 이처럼 단계적인 명도, 채도, 색상의 변화로 다양한 형태의 그러데이션 배색을 줄 수 있습니다.

악센트 배색   배색의 효과를 높여 주고 어느 한 부분을 강조하고자 할 때 사용하는 배색

단조로울 수 있는 배색에 대조되는 색상을 넣음으로써 주조색과 보조색의 조화를 도와줍니다. 악센트 배색의 코디는 캐주얼한 느낌을 내며, 경쾌하고 발랄해 보이는 이미지를 줄 수 있는 배색 방법 중 하나입니다. 악센트 배색에서의 범위는 전체 면적의 5~10%가 가장 적당합니다.

보색 배색   색 차이가 정 반대인 두 색을 사용하는 배색

보색의 대비감은 서로의 존재감으로 인해 역동적인 느낌을 줍니다. 보색의 경우 여러 가지 컬러가 많이 추가될수록 어지러워 보일 수 있기 때문에 두 색 정도로 적절하게 사용하여 세련된 느낌을 살리도록 합니다. 보색 대비는 사용되는 면적의 비율을 잘 활용하면 훨씬 효과적인데, 보색 사용 시 여러 가지 색이 중복될 때는 면적을 좁게 활용하거나 분산시켜 주도록 합니다.

세퍼레이션 배색   색과 색 사이에 분리색을 한 가지 넣어 조화를 주는 배색

캐주얼한 이미지를 주는 배색법입니다. 둘 이상의 색 배색에서 대비가 약하여 느낌이 모호하거나 반대로, 대비가 부담스럽게 강하면 색과 색 사이에 분리색을 넣어 조화롭게 배색합니다. 이때 전체 배색 비율에서 분리색은 주로

무채색 계열을 사용하는 것이 원칙입니다. 따뜻한 색과 차가운 색을 교차로 배열하거나 어두운색과 밝은색을 교차 배열 혹은, 검정과 흰색을 배색 사이에 넣어 만들어 주면 됩니다.

스타일링 예시

앞서 배운 다양한 배색법을 활용해 아래와 같이 스타일링을 할 수 있습니다.

• 봄 타입 스타일링

• 여름 타입 스타일링

• 가을 타입 스타일링

• 겨울 타입 스타일링

먼지나방의 한마디

어도비 사이트에서 컬러 팔레트를 직접 만들 수 있습니다. 내가 입은 옷의 주조색과 강조색이 무엇인지 테마도 추출할 수 있답니다. 저는 실제로 감각을 익히기 위해 직접 사진을 찍고 팔레트를 추출한 후 인쇄하여 정리해 두고 있습니다.

URL https://color.adobe.com/ko/

07

서브 아이템 매칭법

액세서리 모양이나 광택감은 퍼스널 컬러에 영향을 미칩니다. 자신의 퍼스널 컬러와 얼굴형, 이목구비, 스타일을 두루두루 참고해 액세서리를 매칭하면 큰 시너지 효과를 얻을 수 있습니다. 각자의 피부 톤과 스타일링 컨셉에 따라서 같은 제품이라도 느낌이 확 달라질 수 있으니 직접 착용하면서 체크해 보도록 합니다.

피부 톤에 따른 액세서리 색상 선택법

일반적으로 웜톤은 골드, 쿨톤은 실버를 착용해야 한다고 생각합니다. 그러나 사람마다 얼굴형과 스타일이 다르기 때문에 퍼스널 컬러를 참고하여 자신의 스타일을 전체적으로 살핀 후 어울리는 액세서리를 착용하는 것이 좋습니다.

골드는 14K 〈 18K 〈 24K 순으로 노란기가 점점 높아집니다. 쿨톤이더라도 14K 정도까지는 무난하게 착용 가능합니다. 실버의 경우 화이트에 가까운 실버도 있고 그레이 컬러에 가까운 무광 실버도 있습니다. 웜톤이라도 무광 계열이나 그레이 컬러에 가까운 실버는 무난하게 착용할 수 있습니다.

붉은빛을 띠는 피부 톤을 가진 쿨톤이라면 실버가 어울릴 확률이 높습니다.

피부 톤이 중명도이거나 어두운 쿨톤이라면 무광 실버를 추천합니다. 노랑이나 주황에 가까운 빛을 띠는 쿨톤이라면 무광 실버나 로즈 골드가 좋습니다.

노란빛을 띠는 피부 톤을 가진 웜톤이라면 골드가 어울릴 확률이 높습니다. 피부 톤이 중명도이거나 어두운 편이라면 무광 골드가, 붉거나 주황에 가까운 빛을 띠는 웜톤이라면 무광 골드나 로즈 골드가 어울립니다.

정리해 보자면, 중-고명도의 밝은 피부 톤을 지닌 분들은 반짝이는 레드, 핑크, 블루, 실버, 골드 계열이 잘 어울립니다. 중-저명도의 어두운 피부 톤을 지닌 분들은 반짝이지 않는 무광 계열의 실버, 골드, 그린 계열을 매치하면 잘 어울립니다.

봄 타입이라면 러블리하고 경쾌한 느낌이 드는 가벼운 소재이면서 아기자기한 느낌의 비즈나 골드 계열의 액세서리를 추천합니다. 여름 타입이라면 우아해 보이면서 깨끗한 느낌을 줄 수 있는 리본 모양이나 실버, 진주 같은 시머한 소재의 액세서리를, 가을 타입이라면 볼드하면서 화려한 느낌의 브론즈, 자연에서 온 그대로의 원석으로 디자인된 액세서리가 좋습니다. 겨울 타입이라면 하이테크한 소재나 차가운 백금, 크리스털로 된 과감하고 화려한 스타일의 액세서리가 잘 어울립니다.

얼굴형에 따른 액세서리 모양 선택법

사람의 얼굴형은 크게 타원형, 긴형, 하트형, 원형, 각진형으로 나뉘지만 하트형과 각진형이 혼합되어 있거나 길면서 타원형의 얼굴 등 정확하게 분류하기는 어렵습니다. 따라서 다음에 설명하는 얼굴형의 특징을 참고하여 액세서리를 직접 얼굴에 대보며 자신과 잘 어울리는 것을 선택해 보도록 합니다.

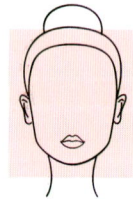

각이 지거나 굵직한 선을 가진 얼굴형은 라운드 스타일의 버튼형 제품이나 후프형 같은 이어링이 좋습니다. 동글동글한 진주도 추천합니다. 각진 느낌의 얼굴을 여성스러우면서도 부드럽게 만들어 주기 때문에 세련된 분위기를 연출할 수 있습니다. 드롭형이나 뾰족한 다이아몬드 형태의 가늘어지는 디테일이 있는 제품도 추천합니다. 아래쪽으로 갈수록 퍼지는 느낌이 드는 샹들리에형은 턱이 넓어 보이고 목도 짧아 보일 수 있으므로 피하는 것이 좋습니다.

동그란 얼굴형은 드롭형의 일자형 귀걸이를 추천합니다. 길쭉한 모양의 버튼 스타일이거나 세로로 긴 귀걸이가 좋습니다. 이런 디자인은 얼굴이 갸름해 보이는 효과를 줍니다. 큰 사이즈의 딱 붙는 귀걸이나 얼굴형과 비슷한 원형 모양의 귀걸이는 피해 주도록 합니다.

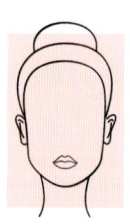

긴 얼굴형은 볼드하고 화려하면서 귀에 붙는 버튼형 귀걸이를 추천합니다. 얼굴이 길기 때문에 시선을 얼굴 중간에서 끊어 줄 수 있는 것이 좋습니다. 얼굴에 살이 없는 분들이라면 어느 정도는 볼륨감과 디테일이 있는 귀걸이를 선택해 줍니다.

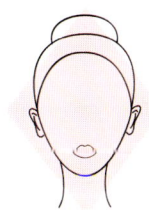

광대가 조금 있으면서 턱끝이 뾰족한 하트형 얼굴(역삼각형 얼굴)은 볼드하거나 조금은 과감한 디자인의 귀걸이를 추천합니다. 턱이 뾰족하기 때문에 아래로 갈수록 넓어지는 샹들리에 느낌이나 드레시한 디자인도 잘 어울립니다. 드롭형이더라도 아래로 갈수록 장식이 커지는 디자인이라든지 링 귀걸이나 원형 모양의 귀걸이를 착용하면 턱선을 보완할 수 있습니다.

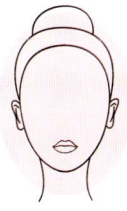

계란형의 얼굴을 가진 분들이라면 모든 귀걸이가 두루두루 잘 어울립니다. 따라서 디자인보다는 어울리는 금속의 컬러를 중심에 두고 액세서리를 선택하도록 합니다.

기타

넥타이는 생각보다 많은 남성분들이 매치하기 어려워 하는 코디입니다. 하지만 간단한 색상 조합만으로 센스 있는 코디를 연출할 수 있습니다.

가장 기본적으로는 셔츠와 넥타이의 색을 대조되게 하거나 수트와 비슷한 계열로 맞추는 것이 좋습니다. 수트, 셔츠, 넥타이 중 두 가지의 색이 같으면 베이직한 느낌, 세 가지의 색이 비슷하면 차분한 느낌, 세 가지의 색이 모두 다르면 유니크한 느낌을 연출할 수 있습니다.

넥타이는 같은 스트라이프이더라도 두께의 차이로 디자인이 달라지기 때문에 패턴이 동일하다고 해도 전혀 다른 느낌을 줍니다. 수트에 무늬가 없다면 화려한 패턴의 넥타이로 포인트를 주도록 합니다.

화려한 컬러의 넥타이를 하고 싶은데 도전하기 쉽지 않다면, 면적이 좁은 더블 브레스티드 수트를 추천합니다. 더블 브레스티드와 같은 디자인의 수트는 넥타이가 보이는 폭이 좁은 편이라 화려한 디자인의 넥타이를 하더라도 세련된 느낌을 줄 수 있습니다.

밝은 피부를 가졌다면 흰 셔츠에 버건디, 블루 계열의 넥타이를 매치하면 잘 어울립니다. 밝은 회색 계열의 셔츠를 입었다면 핑크나 퍼플 계열의 조합이 부드럽고 세련돼 보입니다. 피부가 노랗다면 베이지, 카키, 브라운 계열의 넥타이를 추천합니다. 어두운 피부에는 검정이나 챠콜 셔츠에 실버 계열의 넥타이를 매면 모던함을 줄 수 있습니다. 검정 셔츠에 네이비 계열의 넥타이나 초콜렛 컬러는 답답해 보일 수 있으니 유의하도록 합니다.

구두나 가방의 경우 내가 자주 입는 옷 색상과 동떨어지지 않는 비슷한 계열 혹은, 포인트를 줄 수 있는 것으로 구매합니다. 얼굴과 멀리 떨어져 있는 아이템이기 때문에 나에게 어울리지 않는 컬러와 톤을 사용하는 것도 괜찮습니다.

먼지나방의 한마디
저의 경우 그린과 오렌지 컬러가 정말 어울리지 않는데요. 화이트 수트에 그린 컬러의 힐을 신는다거나, 화이트 블라우스에 청바지를 코디하고 오렌지 계열의 가방을 드는 등으로 활용하고 있습니다.

08

상황별 컬러와 톤 매칭법

상황에 따라 워스트 컬러를 매치해야 할 때가 있는 법이죠. 이러한 상황을 대비하여 톤 매칭법을 알아보도록 하겠습니다.

면접 시험이나 취업 활동의 컬러 활용

면접 시 첫인상은 굉장히 중요합니다. 특히 남자들의 경우 어떤 색상의 수트와 넥타이를 맸는지에 따라 분위기가 완전히 달라집니다. 성실함과 단정함을 강조하는 기업 면접에서는 단색이 가장 무난합니다. 포인트를 주고 싶다면 지루해 보이지 않도록 스트라이프나 패턴이 들어가 있는 넥타이를 매도록 합니다. 여자 또한 마찬가지로 단정함을 강조할 수 있는 단색 블라우스와 체형에 어울리는 바지나 스커트를 입어 주세요. 작은 패턴이 들어간 블라우스도 괜찮습니다.

회사원의 컬러 활용

신뢰감을 주면서도 업무 능력이 뛰어나 보이게 하는 블루 계열의 셔츠나 깨끗한 느낌을 주는 화이트로 코디합니다. 블루 계열의 코디는 시원하면서도 깔끔하고 신뢰감을 줄 수 있기 때문에 남자 분들의 비즈니스룩으로 적격입니다. 여기에 파스텔 톤이나 도트 패턴, 혹은 스트라이프 패턴의 넥타이를 매치해도 좋습니다. 회사원의 경우 너무 화려한 의상보다는 하나의 포인트를 주는 것이 깔끔해 보입니다. 부드럽고 따뜻한 느낌을 원한다면 톤 다운된 컬러를 선택합니다. 화려한 톤의 아우터를 걸친 경우라면 단색의 이너웨어를 입도록 합니다.

영업 사원의 컬러 활용

나의 인간적인 매력이나 카리스마를 뽐내야 하는 자리라면 오렌지 계열이나 붉은 계열을 추천합니다. 오렌지 계열은 액티비티한 느낌을 주기 때문에 발 빠르게 뛰어다니는 영업 사원의 이미지와 잘 맞습니다. 보통 신뢰감을 줄 수 있는 회색 계열 수트에 붉은 넥타이를 매는 영업 사원분들이 많습니다. 붉은 색상은 열정적인 느낌과 더불어 사람들의 눈에 쉽게 각인될 수 있는 포인트 컬러이기 때문입니다. 회색 수트에 붉은 넥타이가 지겹다면 회색 수트에 오렌지 브라운이나 다크 브라운 컬러의 타이를 매치해 보세요. 적당히 무게감도 있으면서 세련되어 보입니다.

교수, 강사의 컬러 활용

많은 청중 앞에 설 때는 당연히 시선이 집중될 수 있는 무언가가 필요합니다. 이럴 때 채도가 높은 빨간색이나 핫핑크, 사파이어 블루 계열의 컬러를 입으면 눈에 확 띌 수 있습니다. 언급한 색이 아니더라도 비비드한 톤이면 많은 사람들의 시선을 끌기에 충분합니다. 특히 남자분들의 경우 굵직한 무늬가 있는 패턴의 넥타이를 하면 좋습니다. 큼지막한 체크 패턴이라든지 페이즐리 패턴도 좋습니다. 단, 작은 패턴들은 오히려 유약해 보일 수 있으므로 피하도록 합니다.

여행 시 컬러 활용

여행 시에는 그 나라의 수도가 가지고 있는 특정 컬러를 파악한 후 가급적 그 색상을 피해서 옷을 입도록 합니다. 예를 들어 프라하의 특징인 주황색 지붕을 고려하지 않고 비슷한 주황 계열의 옷을 입고 사진을 찍는다면 어떨까요? 돋보여야 할 여행 사진이 밋밋해지거나 배경에 가려서 존재감 없는 모습만 남게 될 것입니다. 이처럼 내가 가려는 여행지의 전체적인 컬러감을 고려하여 코디하도록 합니다.

웨딩 드레스/한복/수트를 고를 때 컬러 활용

웨딩 촬영을 할 때는 퍼스널 컬러와 관계 없이 신부라면 모두 화이트 드레스를 입습니다. 따라서 웨딩 드레스를 고를 때는 계절마다의 스타일이나 소재를 살펴 나에게 어울리는 드레스를 선택하도록 합니다. 봄 타입은 미색이 감도는 드레스나 아이보리 계열의 컬러를 입으면 좋습니다. 여름 타입은 깨끗한 화이트 컬러를, 가을 타입은 레이스를 활용하여 고급스럽거나 화려한 느낌을 주는 것이 좋습니다. 겨울 타입은 아이시한 느낌의 눈부실만큼 새하얀 드레스를 추천합니다. 참고로 겨울 타입 중에서 피부가 어두운 분들은 부드러운 화이트를 선택하는 것이 좋습니다. 한복의 경우 어두운 톤이나 비비드한 톤이 어울리는 사람이라면 비비드 레드, 버건디와 같은 강렬하거나 딥한 컬러를 추천합니다.

신랑 수트 컬러를 고를 때는 평소 밝은 톤이 어울린다면 핑크, 스카이블루, 화이트, 그레이 컬러의 수트를, 어두운 톤이 어울린다면 무난한 블랙, 다크 브라운, 네이비 컬러를 착용하도록 합니다.

먼지나방의 한마디

여기서 꼭 체크해야 할 게 있습니다. 바로 부케 컬러입니다. 보통 신부 부케와 동일한 꽃으로 신랑의 부토 니에르가 제작되기 때문에 신부 부케 컬러를 고려해서 수트 컬러를 선정하는 것이 좋습니다.

전체 무드 컬러를 정하고 나면 다음 단계부터는 좀 더 수월해집니다. 어울리는 톤보다 특정 컬러를 더 선 호한다면 부케와 부토니에르, 웨딩에 필요한 소품들을 톤 온 톤으로 맞춰 주도록 합니다.

찰나의
행복을 담는
사진 촬영 비법

사진을 찍을 때 퍼스널 컬러를 접목시키면
개인의 개성과 매력을 극대화시킬 수 있습니다.
여기서는 사진 촬영과 퍼스널 컬러를
어떻게 조화롭게 적용시킬 수 있는지 알아봅니다.

01

사진, 그리고 빛

사진에 있어 빛은 그 어떤 것보다 가장 중요한 요소 중 하나입니다. 같은 장소라 해도 아주 작은 빛의 변화는 명백히 다른 사진을 만들어 냅니다. 물론, 포토샵이라는 편집 프로그램으로 가공을 하긴 하지만 근간이 되는 것은 기본 결과물입니다. 빛에는 자연광과 실내광, 인공광과 순간광, 지속광, 반사광 등 많은 종류가 있습니다. 그러나 자연에서만큼 빛을 적극적으로 사용하는 것은 없습니다.

저는 주로 야외의 자연광과 스튜디오에서의 순간광, 인공광을 사용하여 촬영합니다. 특히 야외 사진의 경우 3~4시에 발생하는 역광을 이용하여 인물의 이미지를 최대치로 끌어내고 배경은 옅은 심도로 조리개를 최대한 개방해 배경을 날려 버리는 이미지 컷을 선호합니다. 물론 야외에서도 외장 플래시를 사용하기도 하지만 저는 태양이라는 조명을 쓰는 것을 좋아합니다. 직광으로 내리쬐는 태양을 조명으로 이용해 촬영을 컨트롤하는 것이 쉽지만은 않습니다. 특히 여름같이 햇빛이 강렬한 날은 태양의 광량이 크기 때문에 디테일이 날아갈 때가 많습니다. 그럼에도 태양을 조명으로 사용하는 이유는 주변 배경 이미지의 빛망울이 아름답고 또, 자연물과 인물에 반사되는 색들도 순광과는 다른 컬러이기 때문입니다. 이것들을 역으로 보여 주면 사진의 전체적인 분위기가 확 달라집니다. 특히 강한 역사광에서 촬영할 때는 피사체에 투영된 빛이 모델 라인에 따라 반사되어 다채롭습니다. 물론, 역광으로 촬영을 하면 조리개가 최대한 개방되어 있는 상태이기 때문에 상대적으로 인물이 또렷하지 않고 디테일이 부족할 수 있으나 사진이 주는 분위기가 이러한 단점들을 커버할 수 있을 만큼 훌륭합니다.

촬영 때 주로 사용하는 니콘 D5는 제가 장시간 들고 다니기에는 많이 무겁습니다. 따라서 카메라를 제외한 기타 장비를 고를 때는 튼튼한 것, 그리고 운반성이 좋은 것을 최고로 꼽습니다. 스토그래피 촬영은 조명을 설치하며 다니기보다는 Nikon SB 90 시리즈의 무선 동조기를 사용하며, 직광보다는 바운스를 쳐 부드러운 조광을 만들어 내는 것을 선호합니다.

저는 광량을 예측하여 조절하고 카메라의 셔터로 조리개를 유동적으로 조절할 수 있는 M모드를 주로 씁니다. 소프트 박스나 뷰티디쉬 같은 조명 장비 없이 촬영하는 것은 쉽지 않지만 상황에 따라서는 태양이라는 조명만으로 부족함 없이 좋은 결과물을 이끌어 내기도 합니다.

저에게 있어 조명의 사용 유무보다 더 크게 중요한 부분은 상대방과의 커뮤니케이션을 통해 그 사람이 가진 매력을 찾고 또, 스토리를 만들어 내며 창의적인 이미지를 완성하는 것입니다. '플래시를 사용하면 인위적이고 플래시를 사용하지 않으면 자연스럽다'라는 말을 떠나 모든 사람들이 공감할 수 있는 사진의 이미지를 만들고 제가 보여 주고자 하는 이미지가 보는 사람으로 하여금 공감대를 형성시키며 개개인의 스토리를 만들어내 준다면 그것으로써 제가 할 수 있는 역할을 충실히 했다고 봅니다.

또한 엄브렐라나 소프트박스, 뷰티디쉬처럼 다양한 액세서리를 사용하여 딱
딱한 빛과 부드러운 빛을 모두 사용해보는 것도 좋은 방법입니다. 퍼스널 컬
러와 피부 톤에 따라 빛의 세기와 조명의 위치 또한 조절해주는 것이 좋습니
다. 예를 들어 피부 톤이 밝은 데다 밝은 톤의 옷이 잘 어울리는 모델이라면
가까운 거리에서 조명을 순간광으로 터트리면 그림자가 강하게 지기 때문에
굳이 이러한 방식으로 촬영할 필요가 없습니다. 반대로 어두운 피부 톤을 가
졌으면서 어두운 톤의 옷이 잘 어울리는 모델이라면 빛을 강하게 줄 필요가
없으니 멀리서 조명을 터트리거나 가까운 곳에서 강하게 터트려 전체적으로
대비감을 주어 강렬하게 표현해 볼 수 있습니다.

02

퍼스널 컬러와 사진의 시너지, 찰나의 행복을 담는다

스토그래피는 그 사람만이 가진 개성과 매력을 담기 위해 퍼스널 컬러 컨설팅으로 스타일링을 한 후 카메라를 통해 이야기하고 싶은 부분을 사진으로 표현하고 확장하는 것을 목적으로 두고 있습니다. 컨설팅 없이 바로 사진을 촬영하는 것보다 퍼스널 컬러를 진단하고 이를 토대로 하여 촬영을 하게 되면 좀 더 퀄리티 높은 사진을 얻을 수 있습니다.

밝은 옷이 잘 어울리는 사람은 메이크업 무드도 밝은 게 어울립니다. 그렇다면 사진 조명은 어떨까요? 조명 또한 밝고 화사한 것이 잘 맞습니다. 반대로 어두운 옷이 어울리는 사람이라면 메이크업 무드 또한 짙은 스모키가 알맞습니다. 조명 역시 어두운, 콘트라스트가 있는 강한 것이 잘 어울립니다. 이처럼 퍼스널 컬러를 사진에 접목하면 높은 시너지 효과를 얻을 수 있습니다.

제가 운영하고 있는 스토그래피는 아래와 같은 원칙들이 있습니다.

첫째, 이익 창출을 목표로 많은 고객을 받지 않는다.
둘째, 공장형 촬영보다는 한 팀씩 정성스러운 촬영을 우선시 한다.
셋째, 촬영 시에는 그 누구보다도 행복한 마음으로 즐기며 일한다.

하루를 투자해 촬영하러 온 고객에게 행복한 하루를 드리는 것, 그것이 제가 추구하는 스토그래피의 경영 마인드입니다.

▲ 대비가 없는 밝은 조명이 잘 어울리는 여름 타입

▲ 대비가 강한 빛이 잘 어울리는 겨울 타입

세상에 예쁘지 않은 사람은 없다

사진을 찍으러 오는 고객들이 늘 하는 말이 있습니다.

'사진을 제대로 찍어본 적이 없는데, 제가 잘할 수 있을까요?'
'전 예쁘지 않아요. 그런데도 사진이 잘 나올 수 있을까요?'

세상에 예쁘지 않은 사람은 없습니다. 단지 그 예쁜 모습을 스스로 찾지 못했거나, 찾는 방법을 모를 뿐이죠. 저는 사진은 누군가의 추억과 이야깃거리가 될 수 있어야 한다고 생각합니다. 제가 촬영한 사진에는 입이 달려 있지 않지만 '따스한 말'이 담겨 있습니다. 사진이 단 한 장의 이미지라 하여 가볍다고 생각될 수도 있지만, 사진 한 장이 만들어지기까지의 과정은 그리 간단한 작업이 아닙니다. 사진에는 누군가가 살아온 삶의 이야기가 담겨 있고 또, 제가 말하고자 하는 생각이 담겨 있습니다.

제가 추구하는 사진은 단순히 셔터만 누르면 누구나 다 촬영할 수 있는 것이 아닌, 커뮤니케이션을 통해 고객이 적극적으로 사진에 참여하고 이를 통해 새로운 나의 모습을 발견할 수 있는 시간이 되기를 바랍니다. 단순히 예쁜 사진을 얻고자 함이 아니라 촬영을 하며 자기 자신을 들여다보고 사진사와 교감하는 시간을 가지며 많은 힐링을 할 수 있기를 원합니다.

03

사진 촬영 꿀팁

파란색의 상의를 입었을 때는 상의가 반사되면서 한색 계열의 후광이 비치고 노란색의 상의를 입었을 때는 난색 계열의 후광이 비치는데, 그 반사되는 색이 내가 가지고 있는 피부색과 겹쳐져 피부가 밝아 보이면서 깨끗해 보이기도 하고 반대로 다크써클이 짙어 보이기도 합니다. 퍼스널 컬러는 이러한 원리를 통해 진단하기 때문에 실제로 의상을 선택할 때 주조색에 따라 피부 톤이 건강하고 생기 있어 보이고 어울리지 않는 옷을 입으면 안색이 칙칙해 보이는 현상이 나타날 수 있습니다.

이것은 하나의 컬러만을 가지고 인식하는 것이 아니라 그 색과 인접한 색과의 조화를 통해 얼마나 보기 좋은가를 기준으로 하여 아름다움 유무를 결정합니다. 그렇기 때문에 배경색과 옷 컬러 매칭의 조화가 굉장히 중요합니다. 여기서는 이러한 배경과 스타일을 조화롭게 선택하는 방법과 계절 타입별 배경 색상을 고르는 법, 그리고 사진을 잘 찍는 팁을 소개하도록 하겠습니다.

배경에 알맞은 스타일 선택 팁

배경 컬러와 장소에 따라 옷의 톤과 메이크업을 맞추면 사진을 찍을 때 좋은 결과물을 얻을 수 있습니다.

실내에서 사진을 찍을 때

실내에서 사진 촬영을 할 때는 그 장소의 전체적인 인테리어 컬러를 확인하도록 합니다. 만약 짙은 원목으로 꾸며진 곳에서 여름 라이트 타입이 촬영할 경우 밝고 차가운 톤과 배경색의 부조화로 이질감이 느껴질 수 있습니다. 따뜻한 조명이 있는 브라운 계열의 공간 안에서 사진 촬영을 한다면 봄 타입의 경우 아이보리나 파스텔 옐로를, 가을 타입이라면 베이지 계열을 입으면 전체적으로 조화롭게 보일 수 있습니다.

푸른 숲에서 사진을 찍을 때

숲속에서 사진을 찍을 때는 초록색의 잎사귀가 가득한 숲과 대비되는 비비드한 톤을 선택하거나 페일 톤의 쿨 핑크, 베이비 핑크, 살구 컬러와 같은 파스텔 톤을 입으면 좋습니다. 푸른 숲이라도 뒷배경에 어떤 꽃이 있는지, 어떤 나무가 있는지에 따라 컬러와 톤을 적절히 선택해 보도록 하세요.

해안가 근처에서 사진을 찍을 때

비비드한 톤이 잘 어울리는 사람이라면 푸른 바다와 대비되는 레드 계열의 옷을 추천합니다. 밝은 톤이 어울린다면 바다와 어우러져 시원해 보이는 화이트, 코랄, 하늘색 계열 옷을 입도록 합니다.

밝은 옷을 입었을 때, 어두운 옷을 입었을 때

밝은 옷을 입고 촬영할 때는 밝은 분위기의 실내 혹은 비비드한 톤으로 이루어진 인테리어의 카페가 좋습니다. 어두운 옷을 입었을 때는 배경이 어두운 곳이나, 채도 높은 배경에서 촬영을 한다면 세련된 느낌과 함께 포인트를 줄 수 있습니다.

비비드한 톤의 옷을 입었을 때, 부드러운 톤의 옷을 입었을 때

비비드한 톤의 옷을 입었을 때는 대비되는 근접 보색으로 이루어진 장소, 부드러운 톤의 옷을 입었을 때는 너무 밝지 않은 분위기의 실내에서 촬영하는 것이 좋습니다.

퍼스널 컬러에 따른 사진 촬영 팁

예시로 나온 색상의 색지나 천을 배경으로 하여 사진을 찍어 보세요. 배경과 조화로운 코디는 사진의 분위기를 한층 더 높여 줍니다.

봄 라이트

파스텔 옐로 컬러 배경에 크림색이나 아이보리, 핑크 계열의 옷을 입고 촬영해 보세요. 밝으면서 따뜻한 느낌이 납니다.

봄 브라이트

비비드한 톤의 옐로 컬러 배경에 오렌지나 비비드한 톤의 따뜻한 블루, 핑크 컬러를 매칭해 보세요. 경쾌하고 발랄한 느낌이 납니다.

여름 라이트

파스텔 핑크 컬러 배경에 화이트나 연보라 계열의 옷을 입고 촬영해 보세요. 깨끗하면서 여성스러운 느낌이 납니다.

여름 뮤트

회색빛이 감도는 퍼플 컬러 배경에 인디 핑크나 그레이 계열의 옷을 입고 촬영해 보세요. 차분해 보이면서 우아한 느낌이 납니다.

가을 뮤트

소프트 톤의 오렌지 컬러 배경에 베이지나 그레이 계열 혹은, 카멜색의 옷을 입고 촬영해 보세요. 따뜻하면서도 부드러운 느낌이 납니다.

가을 딥

브라운 컬러 배경에 과감한 패턴이 들어간 다크 초콜릿이나 카키색 옷을 입고 촬영해 보세요. 고혹적이면서도 화려한 느낌이 납니다.

겨울 브라이트

레드 배경에 핫핑크, 퍼플 계열의 옷을 입고 촬영해 보세요. 사파이어 블루 컬러 배경도 좋습니다. 경쾌하고 화려한 느낌이 납니다.

겨울 다크

딥블루 컬러 배경에 블랙이나 배경색보다 더 짙은 네이비 컬러의 옷을 입고
촬영해 보세요. 모던하고 시크한 느낌이 납니다.

----- 사진 촬영 팁 -----

일반인들도 쉽게 따라 할 수 있는 간단한 사진 촬영 팁을 소개합니다.

첫 번째, 사람마다 잘 나오는 각도와 신체적 장점이 있습니다. 장점을 최대한
드러낼 수 있게 포인트를 살려 줍니다.

왼쪽 얼굴이든 오른쪽 얼굴이든 자신의 관점에서 보는 나의 가장 매력적인
얼굴 각도가 있습니다. 그 장점을 부각시켜 보도록 합니다.

두 번째, 고유의 몸짓이나 손짓 등을 자연스럽게 표현합니다.
몸과 표정이 편안해야 사진이 잘 나옵니다. 눈이 크게 나왔으면 하는 바람으
로 부릅뜨거나 혹은, 불편한 자세로 사진을 찍게 되면 인위적인 분위기만 느
껴집니다.

세 번째, 구도를 잘 살립니다.

사진을 찍으면 이상하게 몸이 부하거나 얼굴이 넙데데하게 나옵니다. 사진은 평면인 2D이나, 실제 우리가 보는 얼굴은 3D에 가깝기 때뮤입니다. 선과 면을 분리하여 나눠 주면 원근감을 줄 수 있습니다. 빛이나 조명을 사용해 밝은 부분과 어누운 부분을 살려도 부한 모습을 덜 수 있습니다.

네 번째, 컬러와 톤의 조화를 생각합니다.

피사체에게 어울리는 색, 소품, 스타일링 등을 생각하며 촬영합니다. 사진의 퀄리티를 크게 높일 수 있습니다.

이외에도 찍는 대상에 대해 생각하고 몰입하여 사진에 감정을 넣으면 사진의 표현력이 높아집니다.

외면의
아름다움을
극대화하는
향수

여기서는 퍼스널 컬러별 어울리는
각 계절의 향수와
다양한 향조에 대해 알아봅니다.

01

향으로 사람을 기억한다

향으로 사람의 이미지를 기억한다는 말이 있습니다. 실제로 얼굴은 기억하지 못해도 향기를 통해 그 사람과 관련된 느낌이나 추억을 떠올릴 수 있습니다. 그 이유는 우리의 뇌가 이미지를 향으로 기억하기 때문입니다.

제가 향수 회사에서 마케터로 근무하던 시절, 몽블랑 레전드라는 향수를 론 칭했었는데 그 향수를 뿌린 한 중년 남자분의 뒷모습이 아직까지 잊혀지지 않습니다. 비록 뒷모습이라 얼굴은 보지 못했지만, 반듯하게 다려진 투버튼 의 스트라이프 정장과 묵직한 시계 그리고 사첼백까지, 향기가 눈에 보이지 는 않지만 그는 당당하고 카리스마 있어 보였습니다. 당시 몽블랑 레전드 향 수의 헤드 카피가 성공한 남자의 향기였는데, 그의 수트와 어우러지는 향이 무척이나 인상 깊었던 기억이 납니다. 이처럼 후각적인 자극을 통한 이미지 연출은 기억에 오래 남습니다. 향수를 선택함에 있어 정답이라는 건 없지만, 퍼스널 컬러 타입과 잘 어울리는 향수를 뿌리면 이미지를 좀 더 부각시킬 수 있습니다.

02

퍼스널 컬러와 향의 관계

향수와 퍼스널 컬러와의 관계에 대해 궁금해 하는 분들이 많습니다. 밝은 톤이 어울리는 사람이 밝은 옷을 입고 화사한 메이크업을 한 후 무겁고 진한 향수를 뿌렸다고 생각해 보세요. 이미지가 잘 떠오르나요? 전체적인 이미지와 향이 어울리지 않는 느낌이 강하게 들 겁니다. 반대로 어두운 톤과 컬러가 어울리는 사람이 달달하고 가벼운 향을 뿌렸다면요? 이 역시 이미지에 맞지 않을 겁니다. 이처럼 퍼스널 컬러에 맞춰 향수를 뿌리면 더욱 긍정적인 시너지 효과를 얻을 수 있습니다.

퍼스널 컬러 각 타입의 향을 생각하며 비주얼을 함께 보면 향이 우리의 뇌를 통해 이미지로 전달된다는 것을 알 수 있습니다. 예를 들어 봄 브라이트 향수의 이미지를 생각해 보세요. 빨강이 주조색으로 보이기 때문에 체리를 연상시키고 이미지 측면에서는 가볍고 통통 튀는, 앙큼하고 발칙한 성격일 것 같습니다. 만약 체리 향을 뿌리고 검정 옷을 입고 있다면 향과 이미지가 어우러지지 않겠죠? 파스텔 연두빛, 아이보리 등과 같은 밝고 따뜻한 컬러감의 봄 라이트 타입이나 여름의 깨끗한 이미지 타입이 묵직한 향을 뿌린다면 역시 어울린다는 느낌이 들지 않을 겁니다. 이처럼 향수와 이미지는 연결되어 있습니다. 특히 컬러와 많이 연관 되어 있는 퍼스널 컬러와 조합한다면 엄청난 시너지 효과를 가져올 수 있습니다.

향조는 향수 보틀을 보면 유추가 가능합니다. 예를 들어 향수 보틀이 블루 계열이라면 아쿠아 향조나 프레시한 향조를 가진 제품일 확률이 높고 노란 계열이라면 시트러스나 프루티 향일 확률이 높습니다. 핑크 계열이라면 플로럴 계열일 확률이, 검은색이나 브라운 계열이라면 머스키나 오리엔탈, 우디 향일 확률이 높습니다.

▲ 봄 브라이트 향수 비주얼

▲ 봄 라이트 향수 비주얼

▲ 여름 라이트 향수 비주얼

▲ 여름 뮤트 향수 비주얼

▲ 가을 뮤트 향수 비주얼

▲ 가을 딥 향수 비주얼

▲ 겨울 다크 향수 비주얼

▲ 겨울 브라이트 향수 비주얼

03

향기의 분류와 종류

───── 향기의 분류 ─────

Top note / Middle note / Base note

향수를 시향하면 향조의 느낌에 따라 분위기가 다르게 느껴지는데 이때 향의 느낌을 노트라고 하며 모든 향수는 톱, 미들, 베이스 노트로 나누어집니다. 물론 향이라는 것은 사람이 가지고 있는 후각에 따라 다르게 느낄 수 있으며, 특히 향의 계열의 경우 분류하는 사람마다 다양하기 때문에 여기서는 가장 기본적인 분류에 대하여 이야기해 보도록 하겠습니다.

처음 이미지를 나타내는 톱 노트, 중간 부분에서 느낄 수 있는 미들 노트, 마지막 잔향으로 느낄 수 있는 베이스 노트 중 첫 향인 톱 노트는 알코올 성분과 함께 빠르게 날아가기 때문에 어느 정도 시간 텀을 둔 후 향을 고르는 것이 좋습니다. 실제로 톱 노트가 좋아 향수를 구매하였는데, 중간 향과 잔향이 마음에 들지 않아 사용하지 않는 경우도 많이 보았기 때문입니다. 톱 노트의 경우 시트러스 계열처럼 휘발성이 강한 느낌의 가벼운 향이 위주로 사용됩니다. 향수를 뿌리고 나서 1시간 전후로 안정된 상태의 향조를 미들 노트라고 하는데, 주로 이 미들 노트에 우리가 잘 알고 있는 플로럴 향이 많이 사용됩니다. 마지막 지속적인 향을 결정하는 베이스 노트에는 머스키나 우디, 발삼 등 무거운 느낌의 향료가 쓰입니다.

향의 계열을 큰 틀로 구분하면 보통 플로럴, 오리엔탈, 우드, 프레시 노트로 분류할 수 있습니다. 큰 틀에서는 4개로 나누고 있지만 퍼스널 컬러처럼 향수 또한 학자마다, 향료를 다루는 회사마다 굉장히 다양한 분류법이 존재합니다. 기본적으로 그린, 프루티, 시트러스, 플로럴, 워터, 스파이시, 알데하이드, 머스키, 오리엔탈, 우드, 프레시, 아로마 이렇게 총 12가지 계열만 잘 알고 있어도 향수를 시향할 때 향을 어느 정도 머릿속에 그릴 수 있습니다. 특히 요즘의 향수는 합성 향료의 개발로 더욱더 세분화되고 다양해졌습니다. 특히 플로럴 향조는 싱글 플로럴과 플로럴 부케, 화이트 부케 등으로 나뉘고 거기서도 알데하이드, 그린, 파우더리, 타바코-레더, 오셔닉, 아쿠아, 스파이시, 구르망, 발삼, 허벌, 애니멀 노트 등으로 세분화되어 나뉠 수 있습니다. 또한 최근에는 플로럴 머스키, 시트러스 우디, 우디 플로럴, 플로리엔탈 등 두 가지 계열 이상의 향조가 합쳐져 새로운 향을 이루기도 합니다.

특히 최근 출시되는 향수들은 각 브랜드를 대표하는 이미지에 따라 톱 노트와 간간히 배어 나오는 미들 노트, 은근하게 남아 있는 베이스 노트별로 서로 다른 계열의 향을 가미해 조화를 추구하고 있습니다. 또한 꾸준히 사랑받아 온 향조 외에 최근에는 합성 향료의 개발로 아쿠아, 오셔닉 등 새로운 계열의 향이 탄생하고 있어 단일 계열 향조로는 설명할 수 없는 복잡 미묘한 향들이 향수 시장을 형성하고 있습니다.

향기의 종류

향수는 부향률(※부향률이란? 알코올에 녹인 정유의 농도를 말하는데, 지속 시간과 농도를 뜻합니다)에 따라 퍼퓸(15~30%, 지속 5~7시간)—오드 퍼퓸(10~15%, 지속 4~5시간)—오드 뚜왈렛(5~10%, 지속 3~4시간)—오데 코롱(3~5%, 지속 1~2시간)으로 분류되며, 일반적으로 플로럴, 시프레, 시트러스, 오리엔탈, 알데히드, 푸제아, 스파이시, 프루티, 우디, 그린 등 단일 계열의 향이 주류를 이룹니다.

> **먼지나방의 한마디**
>
> 오데 코롱은 알코올 특유의 자극점이 없어 청량하고 신선한 느낌을 주기 때문에 운동 후나 목욕 후 사용하기 좋은 부향률을 가지고 있습니다.

플로럴Floral 향조

꽃 향을 기본 베이스로 한 플로럴 향조는 많은 분들에게 익숙한 향일 겁니다. 대부분의 향수는 플로럴 향을 포함하는 경우가 많습니다. '꽃' 향기는 향료가 쓰이게 된 이래 가장 친근한 향으로 남녀노소 누구에게나 꾸준히 사랑받아 왔습니다. 플로럴 향조는 한 가지 향으로 이루어진 싱글 플로럴 향과, 여러 가지 꽃들이 섞여 표현된 플로럴 부케 향으로 나뉩니다. 대표적인 플로럴 향료는 장미, 재스민, 카네이션, 백합, 은방울꽃, 투베로즈, 카멜리아, 데이지, 아카시아, 히아신스, 바이올렛, 수선화, 일랑일랑, 가드니아, 라일락이 있습니다.

• 대표 향수

폴스미스 로즈　　　　　프레드릭 말 엉 빠썽　　　　바이레도 플라워헤드

프루티Fruity 향조

프루티 계열은 모두에게 친숙하게 느껴지는 모든 과일 향을 품고 있어 향수 초보, 입문자에게 부담 없이 추천하는 향조입니다. 복숭아, 딸기, 크렌베리, 리치, 수박, 사과, 멜론, 체리, 파인애플, 바나나, 코코넛, 감귤 등의 과일 향이 주로 프루티 향조로 사용되며 최근에는 열대 과일향도 많이 쓰이고 있습니다. 상큼하고 달달한 향이 사랑스러운 느낌을 주기 때문에 가벼운 연출을 즐기는 사람들에게 특히 잘 어울립니다. 20세기 초 복숭아 향을 향수에 도입한 겔랑의 미츠코를 시초로, 다양한 프루티 계열의 향수가 나오고 있습니다.

• 대표 향수

랑방 메리미　　　　　랑방 에끌라 드 아르페쥬　　　　디올 블루밍 부케

시트러스Citrus 향조

레몬, 자몽, 라임, 네롤리, 유자, 버가못, 오렌지, 만다린, 텐저린 등 감귤류 계열에서 추출해낸 향으로 신선하고 상큼하며 가벼운 느낌이 드는 향조입니다. 다른 향조에 비해 빠르게 날아가기 때문에 금방 확산되고 지속 시간 또한 짧은 것이 특징이라 보통 톱 노트에 가장 많이 쓰입니다. 진하면서도 지속력 강한 향수를 선호하는 분들에게는 가벼운 시트러스 향조는 호불호가 갈릴 수 있습니다. 주로 프레시한 코롱이나 샤워 코롱류에 많이 이용되고 특히, 남자 분들 향수에 가장 많이 쓰이는 향조이기도 하여 시향했을 때 유니섹스한 느낌의 이미지를 줍니다.

• 대표 향수

톰포드 네롤리 포르토피노   CK ONE   멜팅피 시즌 2 레이 오브 선샤인

시프레Chypre 향조

시프레의 어원은 지중해의 키프로스Kypros섬을 지칭하며, 코티社가 키프로스 섬에서 느낀 향을 모티브로 1917년 론칭한 향수 브랜드 시프레에서 유래되었 습니다. 떡갈나무에서 서식하는 이끼인 오크모스를 주조로 버가못이나 장미, 자스민, 머스크, 앰버 등이 조화를 이룬 향으로 식물성 향과 동물성 향인 사 향, 용연향 등이 조화를 이룬 축축하게 젖은 나뭇잎 향이 특징입니다. 오크모

스 향료는 알러지에 취약한 사람들에게 알러지를 유발한다는 이유로 잠시 향료 사용이 금지된 적이 있었고 이 때문에 시프레 향조에 해당하는 많은 향수들이 아쉽게도 지금은 단종되기도 했습니다. 따라서 현재 있는 시프레 향조들은 인공 합성 원료(케미컬)로 만들어낸 것이 대부분입니다. 시프레는 그을린 듯한 향, 혹은 축축하게 젖은 나뭇잎이 감도는 향으로 신비로우며 격조 있는 성숙한 여성미가 감도는 차분하고 조용한 분위기를 느낄 수 있습니다.

• 대표 향수

아라미스, 겔랑 야간 비행, 쉐비뇽, 카보샤, 아쿠아 디파르마 시프레소 외 토스카나, 프레데릭 말 신테틱 네이처, 클로에 누마드 우 드 퍼퓸

우디|Woody 향조

우디는 말 그대로 나무껍질을 찢으면 나는 냄새, 목재 등 나무를 연상시키는 향으로 신록과 목재의 편안하고 안정된 느낌을 줍니다. 건조시킨 뱀부, 참나무, 종려나무, 마호가니, 베티버, 백단, 중후하고 부드러운 샌들우드, 이국적인 파촐리와 시더우드, 파인 등이 우디 계열에 이용됩니다. 나무가 가진 고상하고 안정된 느낌과 함께 따뜻하고 부드러운 분위기를 연출해 줍니다.

• 대표 향수

조말론 우드세이지 앤 씨솔트

메종 마르지엘라
위스퍼스 인 더 라이브러리

이솝 휠

알데하이드Aldehyde 향조

모던 플로럴Modern floral이라 불리기도 하는 알데하이드 계열은 플로럴을 베이스로 알데하이드를 더해 강렬하면서도 확산 효과가 뛰어난 향조라고 볼 수 있습니다. 알데하이드는 과일과 함께 사용되기도 합니다. 입생로랑의 블랙 오피움이 바로 과일과 함께 사용된 알데하이드 향이라고 볼 수 있습니다. 조향사 에르네스트 보가 알데하이드를 다량 사용해 만들어낸 최초의 현대적인 향수라는 평가를 받고 있는 샤넬 No. 5는 알데하이드 계열의 대표적인 향수 제품이라 할 수 있습니다.

• 대표 향수

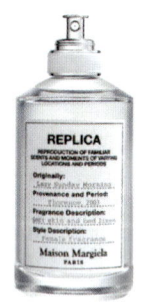

킬리안 보드카 온 더 락스   바이레도 블랑쉬   메종 마르지엘라 레이지 선데이 모닝

오리엔탈Oriental 향조

동양에서 유럽으로 유입된 향료를 통칭하던 용어이기도 하며 서양인의 입장에서 느낀 신비로운 동양을 표현하는 향을 오리엔탈 향조라고 하는데요. 요즘에는 인종차별적이라 하여 잘 사용하지 않는 향조의 단어이기도 합니다. 오리엔탈 계열의 향은 자극적이며 개성이 강한데다 지속력이 좋은 편입니다. 머스크, 앰버 등의 동물성 향료가 베이스로 이루어져 있습니다. 특히 발삼류,

부드러운 바닐라, 우디 계열의 동물성 향이 절묘하게 조화를 이뤄 무겁고 어두운 느낌과 섹시하고 성숙한 여성의 이미지를 조화롭게 표현해 줍니다. 다만 오리엔탈 향조 자체가 지속력이 좋은데다 자극적이고 화려하며 개성이 강한 향조이기 때문에 많은 양을 사용하게 될 시 상대방에게 불쾌감을 줄 수 있으니 주의하도록 합니다. 최근에는 이 오리엔탈 계열과 플로럴 계열을 배합한 '플로리엔탈'이라 불리는 새로운 향조도 등장했습니다.

• 대표 향수

랑콤 트레조 메모 오리엔탈 레더 세르주루텐 베티버 오리엔탈 오 드 퍼퓸

그린Green 향조

그린 향조는 막 베어낸 풀이나 허브, 나뭇잎을 비빌 때 느껴지는 시원한 풀냄새와 같이 자연을 연상시키는 신선한 향이 특징입니다. 따라서 계절 상관없이 남녀노소 누구나 잘 어울리며 특히, 젊은 층에게 인기가 많은 향 중 하나입니다. 시트러스 향조에 비해 개성이 강하고 고급스러움을 느낄 수 있는 향조랍니다. 아이비, 로즈마리, 바질, 민트 등 바이올렛 잎에서 추출한 정유나 피스타치오, 갈바늄 등이 그린 계열의 주 원료로 쓰입니다.

• 대표 향수

피에르 발망 방베르

불리 리켄 데코스

에르메스 운자르뎅 스루닐

스파이시Spicy 향조

말 그대로 매콤한 향으로 후추나 생강, 시나몬, 마늘과 같이 양념할 때 사용하는 향신료를 연상시키는 자극적이고 강렬한 향이며 플로럴, 앰버나 우디 계열에 깊이를 더해 줄 때도 사용됩니다. 주 원료로 통카빈, 카다몸, 핑크페퍼, 후추, 시나몬, 커리가 사용됩니다.

• 대표 향수

지미추 오드뚜왈렛

레페토 오 드 뚜왈렛

산타마리아 노벨라 피에노

푸제아/푸제르Fougere 향조

양치 식물을 뜻하는 말로 1882년 조향, 발매된 푸제아 로얄에서부터 시작되었다고 볼 수 있습니다. 특히 푸제르 계열은 비누 향료에서 힌트를 얻었다고 하며 남자 스킨향, 코오롱 향에서 가장 많이 느낄 수 있습니다. 진지하고 포멀한 느낌을 원하는 남자들에게 추천합니다. 푸제르 향은 라벤더, 제라늄, 동카빈, 바닐라 등이 결합되어 있는 형식이 기본이며, 대체적으로 이 틀에서 크게 벗어나지 않습니다. 라벤더 타입으로 불리기도 하는 푸제아 계열의 향은 최근 개성 강한 여성들 사이에서 사용이 증가하고 있습니다.

• 대표 향수

몽블랑 레전드

입생로랑 뿌르 옴므

펜할리곤스 사토리얼

샤넬 알뤼르 옴므

프레데릭 말 제라늄

마린Marine 또는 오셔닉Oceanic 향조

일상에서의 탈출과 넓은 공간에 대한 열망이 유행하던 1980년대 말에 인기를 끌었던 오셔닉 계열은 다시마 등 해조류나 짠 공기 등 바다 느낌을 주는 인공 향을 이르는 향조입니다.

• 대표 향수

다비도프 쿨 워터 포 우먼   이세이미야케 로디세이   로 겐조 뿌르 옴므

타바코-레더Tabacco-Leather 향조

타바코 향은 모든 향조를 통틀어 가장 호불호가 갈리는 향이 아닐까 싶을 정도로 쉽지 않은 향입니다. 자작나무 타르와 잎담배의 향, 가죽 냄새와 같이 동물적인 요소를 지닌 남성적이고 강한 개성을 가진 향을 연출해 줍니다.

• 대표 향수

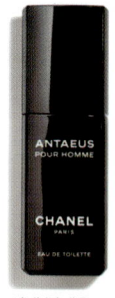

불리 마카사르 오 트리쁠   샤넬 안테우스   톰 포드 토바코 바닐라

머스크Musk 향조

사향 노루의 생식선 분비물인 사향 주머니에서 얻을 수 있는 향을 머스크 향이라고 합니다. 이외에도 비버, 용연(향유고래)에서 얻는 머스크 향도 있습니다. 특히 향유고래에서 얻어지는 용연 향은 0.5kg에 천만 원이 넘는 금액으로 굉장히 얻기 힘들 뿐만 아니라 비싸기 때문에 고급 향수에만 들어갑니다. 이런 동물성 머스크 향조들은 거세를 한다거나 학대해야 얻을 수 있는 것들이기 때문에 최근에는 동물 보호 차원에서 동물성 머스크 향조의 사용은 금지되었고 현재는 인공 합성원료(캐미컬)로 머스크를 만들어내는 편입니다. 우리가 알고 있는 가죽 향조 또한 이 머스크 계열에 속한다고 볼 수 있습니다.

• 대표 향수

바디샵 화이트 머스크

멜팅피 시즌 1 미드나잇 원터

프레데릭 말 로디베

파우더리Powdery 향조

벨벳과 같이 부드러우면서 동시에 관능적인 물질을 연상시키는 특징을 지닌 향조입니다. 아이리스, 통카빈, 바닐린 그리고 헬리오트로핀, 쿠마린 등이 파우더리 계열의 향을 내는데 이용됩니다.

• 대표 향수

  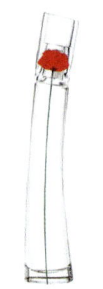

샤넬 No.22   불리 헬리오트로프   플라워 바이 겐조

구르망Gourmand 향조

구르망 혹은, 구아망드라고 불리는 이 향조는 잘익은 과일이나 생크림, 카라멜, 컵케이크, 팝콘, 벌꿀, 초콜릿, 바닐라, 계피 등의 식품을 연상시키는 달콤하고 행복한 느낌을 줍니다.

• 대표 향수

랑방 미   세르주루텐 엉 브와 바닐   로라 메르시에 오 구어망드 바닐라

발삼Balsam 향조

발삼은 침엽수인 발삼나무 줄기나 표피 일부에서 나오는 끈끈하면서도 점성 있는 수액과 같은 물질의 향으로, 향 자체가 자극적이고 개성이 강합니다. 페루 발삼은 중미, 특히 엘살바도르 고지에서 야생하는 발삼나무에서 추출한 액체로 따뜻한 느낌을 주는 바닐라류의 달달한 향이 납니다. 발삼류의 향료는 화학적인 재생이 어려워 베이스 노트에 많이 쓰입니다. 발삼은 점성이 있는 수액이라 증발도 더딘 편이기 때문에 무거운 느낌의 향료인 오리엔탈 향수와 함께 조합하면 시너지를 낼 수 있습니다. 여기에 스파이시한 향조까지 가미되면 훨씬 더 고급스러운 느낌을 줄 수 있습니다.

• 대표 향수

르라보 떼누아 29

이솝 테싯

메종 마르지엘라
레플리카 바이 더 파이어플레이스

계절별 향조 타입 추천

계절별 특징을 살펴보며 자신의 이미지와 잘 어울리는 향조를 골라 보세요.

봄

봄 타입의 사람들은 따뜻하면서 가벼운 톤(vv/st/lt/pl/wh)이 어울리기 때문에 상대적으로 가벼우면서 과일향이 나는 프루티 플로럴이나 시트러스 플로럴 계열을 선택합니다. 피부가 밝은 봄 타입이라면 무겁거나 너무 시원한 프레시 향은 추천하지 않습니다. 이미지가 무거워 보이거나 창백해 보이는 느낌을 줄 수 있습니다.

여름

여름 타입의 사람들은 시원하면서 가벼운 톤(wh/pl/sf/dl/gy)이 어울리기 때문에 가볍고 여성스러우면서 차분한 느낌을 줄 수 있는 플로럴 머스크 향이나 아쿠아, 프레시 향조 계열을 선택합니다. 여름 하면 시원한 컬러가 떠오르는 것처럼 향조 또한 시원한 느낌이 드는 것을 선택하는 것이 좋습니다. 짙거나 묵직한 머스크, 오리엔탈 혹은 스파이시한 계열의 향조는 피하도록 합니다.

가을

가을 타입의 사람들은 따뜻하면서 어두운 톤(dp/dk/dkgy)이 어울리기 때문에 엘레강스하면서 그윽한 느낌을 줄 수 있는 우디 머스크나 바닐라 플로럴 계열을 선택합니다. 중명도 톤(sf/dl/dkgy)이 잘 어울리는 가을 뮤트 타입이라면 우디 플로럴이나 바닐라 플로럴, 저명도 톤이 잘 어울리는 가을 딥 타입이라면 우디 머스크 계열이나 오리엔탈 향을 추천합니다. 가을은 웜 타입에 해당되니 시원한 느낌이 나는 스파이시, 아쿠아 향조는 피하는 게 좋습니다.

겨울

겨울 다크 타입의 사람들은 차가우면서 어두운 톤(dp/dk/bk)이 잘 어울리기 때문에 시크하고 도도하면서 세련된 느낌을 줄 수 있는 스파이시 머스키 계열이나 플로렌탈, 혹은 짙은 비누 향기를 선택하는 것이 좋습니다. 비비드한 톤이 잘 어울리는 겨울 브라이트 타입(vv/st/dp)이라면, 묵직하면서 통통 튀는 구르망 머스크 향조를 추천합니다. 따뜻한 계열의 바닐라 향이나 상큼한 시트러스, 프루티 향조는 피하도록 합니다.

퍼스널
컬러
Q&A

사람들이 가장 궁금해 하는
퍼스널 컬러 Q&A롤 정리했습니다.

01

가장 많이 궁금해 하는
퍼스널 컬러 Q&A

Q 나이에 따라 어울리는 색이 변하나요? 저는 20대에는 겨울 쿨톤이었는데 30
대에는 여름 쿨톤으로 변한 거 같아요.

A 색은 단순히 시각적으로 보이는 것뿐만 아니라 심리 상태에도 큰 영향을 미
칩니다. 색에 대한 자극은 보는 사람의 라이프 스타일, 분위기, 기분에 따라
달라지며 해당 색에 대한 특정한 경험에 의해 편견이 생기기도 합니다. 기
본적으로 가지고 있는 전체적인 톤 자체는 바뀔 수 없으나, 연령대나 라이
프 스타일에 따라 어울리는 컬러는 충분히 바뀔 수 있습니다. 개인의 직업,
나이, 환경에 따라 색채 선호도 역시 달라집니다. 보편적으로 나이가 어릴
수록 원색에 가까운 비비드톤을 선호하지만 정서적으로 성숙해지고 나이가
들면 강한 색채보다 무채색이나 다운된 톤을 선호하는 것처럼요. 웜톤에서
쿨톤으로 혹은 쿨톤에서 웜톤으로 바뀔 수는 없지만, 범위 내에서 어울리는
컬러와 톤이 바뀔 수는 있습니다.

햇살에 피부가 탄다고 해서 퍼스널 컬러가 달라지는 것은 아닙니다. 붉은
피부가 탄다고 해서 노랗게 되지는 않으며, 반대로 노란 피부가 탄다고 해
서 붉어지지 않습니다. 일시적인 현상일 뿐이지 피부 톤이 달라지는 것은
아닙니다. 어울렸던 색조 화장이 안 어울린다고 느껴지는 이유는 허용 톤이
달라졌다고 생각하면 됩니다. 피부가 밝을 때는 밝은 톤들이 잘 어울렸다
가, 피부가 어두워지면서 중명도 톤이 잘 어울리는 것처럼요.

Q 퍼스널 컬러가 봄과 여름, 가을과 겨울처럼 연결되어 있는 계절이 아니라 여름과 겨울, 가을과 봄 같이 떨어져 있는 계절에도 걸쳐 있을 수 있나요?

A 채도와 명도에 따른 톤의 차이가 극명하기 때문에 걸쳐 있다고 표현하기는 힘듭니다. 경우에 따라 봄 타입인 분들에게 일부 가을 컬러들을 내보면 최상은 아니지만 그럭저럭 베이직 컬러로 사용하기에 문제가 없는 것을 볼 수 있어요. 마찬가지로 여름 타입인 분들에게 일부 겨울 컬러들을 대보면 베이직하게 사용하는데 무리가 없기도 합니다. 같은 컬러 안에서 톤만 다르게 사용할 수 있다고 생각하면 쉽습니다.

Q 퍼스널 컬러를 진단할 때는 화장한 상태로 해야 하는 것이 맞나요? 맨 얼굴로 보는 것이 맞나요? 진단 시 헤어 컬러를 꼭 흰 수건으로 가리고 해야 하나요?

A 맨 얼굴인 상태에서 진단하는 것을 우선으로 봅니다. 메이크업으로 피부 톤을 커버하고 진단하면 어울리는 컬러의 스펙트럼이 넓어지기 때문에 혼돈이 올 수 있어요. 매번 동일한 베이스 컬러로 커버를 하면 좋겠지만, 사용하는 제품을 바꾼다거나 단종되는 이슈도 있기 때문에 우선 민낯으로 진단을 한 후, 사용 중인 베이스로 커버했을 때 어느 정도의 허용 톤까지 사용할 수 있을지 체크하고 있습니다. 헤어 염색 때문에 헤어 컬러를 꼭 흰 수건으로 가려야 하는지에 대한 질문도 많습니다. 헤어 컬러가 퍼스널 컬러 진단에 어느 정도 영향을 주는 것은 맞지만, 기본적으로 퍼스널 컬러는 피부 톤을 기준으로 진단하기 때문에 헤어를 꼭 가려야 올바른 진단을 받을 수 있는 건 아닙니다. 만약 헤어 컬러에 영향을 많이 받아 잘못된 결과를 얻게 된다면 그건 진단자의 역량에 대해 고민해 봐야 하는 부분이 아닐까 싶습니다.

Q 쿨톤인데도 피부에 노란빛이 많이 감돌 수 있나요?

A 쿨톤이라고 해서 피부가 꼭 붉은 것만은 아닙니다. 보편적으로 그럴 가능성이 높다는 겁니다. 피부가 붉으면서 웜톤인 경우도 있고 피부가 노란 편이지

만 쿨톤인 경우도 있습니다. 또, 노란기와 붉은기가 모두 많아 주황색 피부인 분들도 있고요. 본인이나 주변인들이 판단한 피부 색상의 기준은 매우 주관적이기 때문에 측색기로 수치를 확인하고 판별하는 것이 가장 좋습니다.

Q 쿨톤이면 옐로 베이스 파운데이션이 잘 어울린다고 하는데 맞나요?

A 쿨톤인 분들은 평균적으로 붉은 피부를 가진 분들이 많은데요. 그 붉은기를 가리고자 옐로 파운데이션을 사용하면 뜨는 느낌을 받을 수 있습니다. 웜톤/쿨톤을 떠나 자신의 피부 톤과 가장 비슷한 톤을 사용하는 것이 좋고 홍조나 트러블 부위에는 옐로 컬러 컨실러를 발라 가려 주도록 합니다. 피부가 노란 웜톤 피부라면 옐로 컬러의 파운데이션을 사용한 후 블러서로 화사함을 주어도 좋습니다.

Q 겨울 다크 타입인데 취향은 청순한 걸 좋아해요. 이목구비도 전혀 강해 보이지 않고요. 이런 경우 어떤 색조를 써야 할까요?

A 겨울 다크 타입이지만 여리여리한 느낌을 내고 싶은 것이죠? 여름 쿨 라이트 타입이 사용할 수 있는 wh/pl톤 계열의 색조 제품을 사용하는 것을 추천합니다.

Q 가을 웜 딥-겨울 쿨 딥에 걸쳐 있는 게 가능한가요? 가을 웜 딥 색상에서 안 어울리는 게 있는 반면에 겨울 쿨 딥에서 너무 잘 어울리는 색상을 발견하기도 합니다.

A 당연히 가능합니다. 가을과 겨울은 겹치기 때문에 늦가을 혹은 초겨울 타입일 수 있습니다. 같은 타입의 계절이더라도 각자의 컬러와 톤 스펙트럼에 따라 어울리는 아이템이 다릅니다. 전문가에게 진단을 받아 보면 정확히 확인할 수 있을 겁니다.

Q 겨울 브라이트 타입이 쓸 수 있는 립 컬러는 체리 핑크, 고채도의 차가운 레드, 퍼플 밖에 없나요? 다른 색이 있다면 추천해 주세요.

A 겨울 브라이트 타입이더라도 사람에 따라 다릅니다. 알고 계신 컬러 이에 사용할 수 있는 립 세 가지를 추천하자면 여름 타입에서 톤 다운된 핑크 베이지 계열, 라이트 톤의 핑크, 레드가 있습니다.

Q 본인이 어떤 톤인지 쉽게 아는 법은 없을까요?

A 퍼스널 컬러 테스트는 다양한 과정을 거쳐 진단하기 때문에 개인이 쉽게 알 수 있는 방법은 없으나 간단한 팁을 드리자면, 단색 옷들을 톤별로 구분한 후 얼굴에 직접 대보면서 토너먼트 형식으로 가장 잘 어울리는 톤을 체크해 보는 법이 있습니다. 정확하게 알고 싶다면 퍼스널 컬러 컨설턴트에게 진단을 받는 것을 추천합니다.

Q 원래 밝은 피부를 지니고 있었는데 피부가 타서 현재 어떤 톤인지 잘 모르겠어요. 피부에 맞춰서 톤을 다시 찾아야 할까요?

A 어두워진 피부에 맞춰 톤을 찾아야 합니다. 하지만 피부가 탔다 하더라도 꾸준히 태닝을 하는 것이 아니라면 결국 본래의 피부 톤으로 돌아오게 됩니다. 당장 탄 피부에 맞는 톤을 찾고 싶다면, 본래 어울렸던 톤에서 한두 톤 정도 다운된 것을 발라 보세요.

Q 스스로를 봄 라이트로 추정하고 있는데, 봄 라이트 컬러인 오렌지나 코랄 쪽 립 제품을 바르면 홍두깨 부인 입술처럼 핫핑크로 발색되고 어울리지 않아요. 비비드하고 묵직한 걸 바르면 무조건 어울리지 않는데, 봄 라이트 중에서 아주 연한 쪽에 속한 걸까요? 아니면 봄 라이트가 아닌 걸까요?

A 잘 어울리지 않는 컬러들이 오렌지나 코랄 쪽 계열의 컬러들이니 따뜻한 핑크 계열을 사용해 보는 건 어떨까요? 질문을 토대로 미루어 짐작했을 때 립

제품 중 흰기가 많이 도는 톤이 어울리지 않는 것으로 보여집니다. 비비드한 톤은 어울리지 않지만, 따뜻한 파스텔 톤이 어울린다면 봄 라이트일 확률이 높습니다. 다만 봄 라이트이더라도 흰기 도는 웜 핑크가 어울리지 않을 수도 있는 것이죠. 스펙트럼은 사람마다 다르니까요.

Q 컬러 코렉터도 퍼스널 컬러에 따라 구분해서 발라야 하는지 궁금해요. 예를 들면 여름 쿨 라이트가 그린이나 옐로 컬러 코렉터를 눈밑에 바르면 문제가 되는지 등이요.

A 전혀 문제가 되지 않습니다. 컬러 코렉터는 내 피부 컬러에서 단점을 보완하기 위해 발라 주는 것입니다. 퍼스널 컬러에 따라 발라 주어야 하는 코렉터 컬러가 따로 있는 것은 아닙니다.

Q 저는 레드 오렌지 컬러나 레드가 섞인 오렌지 컬러가 어울리고 체리색은 안 어울려요. 레드는 투명한 레드만 바르고요. 제 퍼스널 컬러는 뭘까요?

A 봄 웜 타입으로 추정됩니다. 하지만 퍼스널 컬러는 입술을 기준으로 판단하면 안돼요. 상의로 테스트해 보는 것을 추천합니다. 립 컬러보다는 옷 컬러가 더 중요합니다. pl/wh톤이 더 잘 어울리냐, 비비드한 톤이 더 잘 어울리냐에 따라 봄 라이트 타입 또는 봄 브라이트 타입으로 결정됩니다.

Q 가을 웜 딥인데 바이올렛 브라운으로 염색하고 싶어요. 괜찮을까요??

A 가을 웜 딥 타입이라면, 노란 피부라는 전제하에 바이올렛 브라운으로 염색하면 좋을 것 같습니다. 헤어의 퍼플 기운이 얼굴의 노란기를 보완해 줄 수 있기 때문입니다. 한 가지 덧붙이자면 바이올렛 컬러는 나중에 물이 빠지면 오렌지 브라운이 됩니다. 그 때문에 오렌지 계열이 잘 어울리지 않는다면 피하는 게 좋답니다.

Q 여지껏 쿨톤인 줄 알고 살다가 가을 뮤트 타입임을 알고 충격받은 사람인데요. 가을 웜톤에도 뮤트와 딥이 있잖아요, 그 차이는 무엇이고 웜톤 중에서도 오렌지 컬러가 어울리는 톤은 무엇인가요?

A 가을 뮤드 타입은 따뜻하면서 회색 기운이 감돕니다. 파우더리하고 부드러운 중명도 톤들이 많죠. 가을 딥 타입은 채도가 높으면서 명도가 낮거나, 채도와 명도 둘 다 낮은 딥, 다크 톤들이 많고 콘트라스트가 좀 있습니다. 오렌지 컬러가 잘 어울리는 톤은 봄 브라이트 타입입니다.

Q 전 봄 브라이트 타입이라고 생각하고 있고 립 또한 봄 브라이트 계열의 색상을 구매하면 다 잘어울립니다. 하지만 삐아 무드갑만은 어울리지 않아요. 왜 그런 걸까요?

A 무드갑은 비비드한 느낌이라기보다 스트롱과 딥 사이에 있는 느낌의 톤입니다. 가을 타입이 바르면 채도가 높고 봄 타입이 사용하면 나빠 보이지 않는 정도입니다. 화사하다는 느낌은 들지 않을 거예요. 안 어울린다기보다는 좀 어둡거나 칙칙해 보여서 그렇게 느끼는 것으로 보여집니다.

Q 퍼스널 컬러별 어울리는 질감도 있나요? 립스틱이나 립무스를 바르면 뭔가 텁텁해 보이고 안 어울립니다.

A 퍼스널 컬러별로 어울리는 질감이라기보다는 복합적인 요소 때문일 것으로 보여집니다. 입술 모양이나 스타일링, 피부 표현에 따라 질감이 어울려 보일 수도 있고 어울리지 않을 수도 있다는 뜻입니다. '질감별로 어떤 타입이 어울린다'라고 규정 짓기는 어렵습니다. 따라서 전체적으로 어울리는 컬러와 이목구비, 스타일링까지 고려하여 질감을 선택하는 것이 좋습니다.

02

퍼스널 컬러 차트 및 예시

봄 라이트 타입

조두팔 고객님

20대 초반

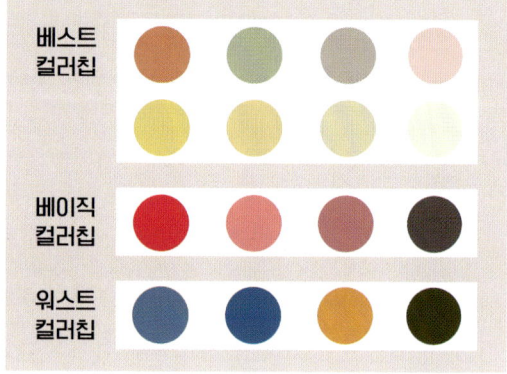

베스트
컬러칩

베이직
컬러칩

워스트
컬러칩

- **계절 타입**

  봄 라이트 타입 = 웜톤

- **피부 톤**

  매우 밝은 피부 + 붉은기 평균 이하 + 노란기 평균 이하

  → 붉은기, 노란기 둘 다 떨어지는 창백한 피부

- **어울리는 컬러 특징**

  ① 페일 톤의 크림, 옐로, 아이보리, 핑크가 가장 잘 어울림

  ② 많이 푸르지 않은 여름 핑크와 레드 핑크는 베이직하게 사용 가능

  ③ 비비드 블루, 딥한 골드, 카키는 얼굴에서 밀어내는 편

  ④ 흰기가 가미된 립이 잘 어울리는 편

- **베스트 색조 제품**

① 롬앤
제로쿠션 04
포슬린 13

② 롬앤
제로 매트 립스틱
10 핑크 샌드

③ 삐아
블러틴트 01
서정시

④ 레어카인드
미니 앨범 투고
블러셔 로지

⑤ 롬앤
베러 댄 아이즈
우유 시리즈
말린복숭아꽃

⑥ 크리니크
치크 팝 19
블러쉬 팝

봄 브라이트 타입

이재아 고객님
30대

베스트
컬러칩

베이직
컬러칩

워스트
컬러칩

- **계절 타입**

  봄 브라이트 타입 = 웜톤

- **피부 톤**

  밝은 피부 톤 + 붉은기 평균 이하 + 노란기 평균 이하 → 붉은기와 노란기 둘 다 떨어지는 창백한 피부

- **어울리는 컬러 특징**

  ① 레드~핑크 계열이 가장 잘 어울림
  ② 봄 라이트 타입에 해당하는 파스텔 톤은 베이직하게 활용 가능
  ③ 푸른기+회색기 섞인 컬러들은 얼굴에서 밀어내는 편

- **베스트 색조 제품**

① 디어달리아 글로우 립 스테인 옵세션

② 하트퍼센트 도트 온 무드 퓨어 글로우 틴트 퓨어 레드

③ 홀리카 홀리카 하트크러쉬 베어 글레이즈 틴트 02 비미쉬

④ 맥 글로우 플레이 블러셔 댓츠 피치

⑤ 롬앤 베러 댄 아이즈 01 말린 망고 튤립

⑥ 네이밍 레이어드 핏 쿠션 19N

여름 라이트 타입

베스트
컬러칩

베이직
컬러칩

워스트
컬러칩

박민정 고객님
20대

- **계절 타입**

  여름 라이트 타입 = 쿨톤

- **피부 톤**

  밝은 피부 톤 + 붉은기 평균 이하 + 노란기 평균 이하 → 붉은기와 노란기 둘 다 떨어지는 창백
  한 피부

- **어울리는 컬러 특징**

  ① wh–p톤의 화이트, 핑크, 연보라 계열이 어울리는 여름 타입
  ② 차가운 핑크 계열은 거의 다 사용 가능한 스펙트럼
  ③ 오렌지, 카키 계열은 피부에서 밀어냄
  ④ 봄 컬러 중에서 크림, 베이비 핑크 정도 사용 가능

- **베스트 색조 제품**

 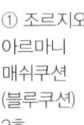      

① 조르지오
아르마니
매쉬쿠션
(블루쿠션)
2호

② 헤라
블랙
파운데이션
17n1

③ 홀리카
홀리카
피스매칭
블러셔
클린핑크

④ 키핀터치
아이스젤리
치크 블러셔
모브오로라

⑤ 입큰
퍼스널 무드
팔레트

⑥ 입큰
벨벳립 2호
썸머브리즈

⑦ 어뮤즈
듀틴트 03
플라워마켓

⑧ 롬앤
시스루매트
01핑크폴드

여름 뮤트 타입

김예린 고객님
20대

베스트
컬러칩

베이직
컬러칩

워스트
컬러칩

- **계절 타입**

  여름 뮤트 타입 = 쿨톤

- **피부 톤**

  밝은 피부 톤 + 붉은기 평균 이하 + 노란기 평균 이하 → 붉은기와 노란기 둘 다 떨어지는 창백한 피부

- **어울리는 컬러 특징**

  ① 인디핑크, 마르살라, 실버블루, 실버그레이 등 중명도의 차가운 컬러들이 가장 잘 어울림

  ② 여름 파스텔 일부 베이직하게 사용 가능

  ③ 채도 높고 노란기 있는 컬러는 워스트

- **베스트 색조 제품**

① 삐아
라스트 파우더
립스틱 크렘로즈

② 페리페라
잉크 무드
매트스틱 006
모브병유발

③ 롬앤
블러 퍼지 틴트
모비쉬

④ 입크
퍼스널 무드
레이어링 블러셔
아이시 클라우디

⑤ 롬앤
베러 댄 아이즈
말린제비꽃

⑥ 조르지오
아르마니
디자이너 에센스 인
밤 매쉬 쿠션 2호

가을 뮤트 타입

김호연 고객님
20대

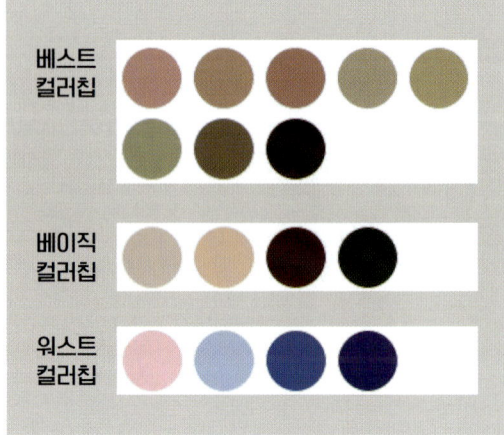

베스트
컬러칩

베이직
컬러칩

워스트
컬러칩

- **계절 타입**

  가을 뮤트 타입 = 웜톤

- **피부 톤**

  평균 밝기 이하 피부 + 붉은기 평균 + 노란기 평균 이상 → 붉은기에 비해 노란기가 많은 노란주
  황빛 피부

- **어울리는 컬러 특징**

  ① 소프트 핑크, 코랄 베이지, 베이지, 소프트 카키가 가장 잘 어울림
  ② 밝은 회색이 가미된 스킨 베이지 컬러는 베이직하게 사용 가능
  ③ 밝거나 채도 높은 차가운 컬러는 얼굴에서 밀어내는 편

- **베스트 색조 제품**

① 쁘아
라스트 벨벳 틴트
태연한척

② 페리페라
잉크 무드
매트 스틱
힙생힙사

③ 맥
매트 립스틱
월

④ 맥
글로우 플레이
블러쉬 쏘 내추럴

⑤ 릴리바이레드
무드 키보드
아이팔레트 03
당신의 최애
애쉬 올림

⑥ VDL
커버스테인 퍼펙팅
파운데이션 V03

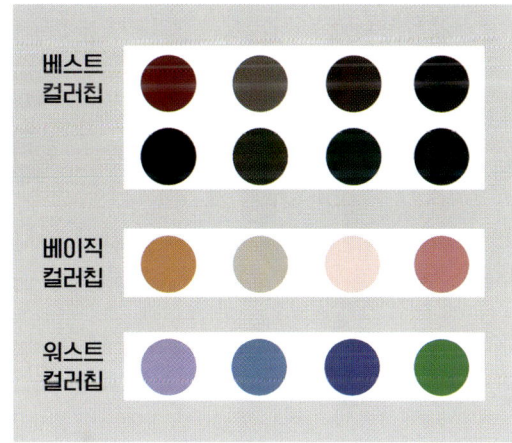

베스트
컬러칩

베이직
컬러칩

워스트
컬러칩

하이예나 고객님
20대

- **계절 타입**

  가을 딥 타입 = 웜톤

- **피부 톤**

  평균 피부 톤 + 붉은기 평균 이상 + 노란기 평균 이상 → 붉은기와 노란기 모두 가지고 있는
  주황빛 피부

- **어울리는 컬러 특징**

  ① 어두운 톤을 드레이핑 시 피부나 이목구비가 또렷해짐

  ② 봄 라이트 타입에 해당하는 파스텔 톤은 베이직하게 활용 가능

  ③ 핑크는 채도가 조금 높아진 II톤까지도 사용 가능

  ④ 푸른 컬러들은 기의 대부분 밀어냄

- **베스트 색조 제품**

① 헤라
블랙 파운데이션
21W2 프렌치 바닐라

② 바비브라운
크러쉬드
립컬러 루비

③ 레어카인드
오버스머지 립
틴트 10 블러디 레드

④ 클리오
매드매트 06
센슈얼페퍼

⑤ 크리니크
치크 팝 블러셔
05호 누드팝

⑥ 피치씨
소프트무트
아이섀도우
소프트 브라운

겨울 다크 타입

레오제이 고객님
30대

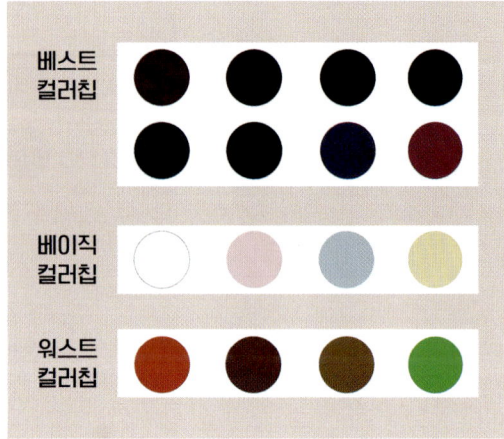

베스트 컬러칩

베이직 컬러칩

워스트 컬러칩

- **계절 타입**

  겨울 다크 타입 = 쿨톤

- **피부 톤**

  밝은 피부 톤 + 붉은기 평균 이상 + 노란기 평균 이상 → 노란기에 비해 붉은기가 많은 붉은 주황빛 피부

- **어울리는 컬러 특징**

  ① 버건디, 네이비, 블랙이 가장 잘 어울림
  ② 여름 파스텔 일부 베이직하게 사용 가능
  ③ 회색 섞인 톤, 비비드 톤은 얼굴에서 밀어내는 편
  ④ 립 제품의 경우 어두운 톤일수록 잘 어울림

- **베스트 색조 제품**

① 랑콤
땡이 돌 PO-02

② 헤라
블랙 파운데이션
23N1 베이지

③ 디어달리아
매트 립스틱
M110 에바

④ 디어달리아
파라다이스 드림 벨벳
립 무스 크랜베리

⑤ 맥
솔라 글로우
타임즈나인

⑥ 부르조아
뷰티플 아이즈
아이섀도우
팔레트

겨울 브라이트 타입

홀리 고객님
20대

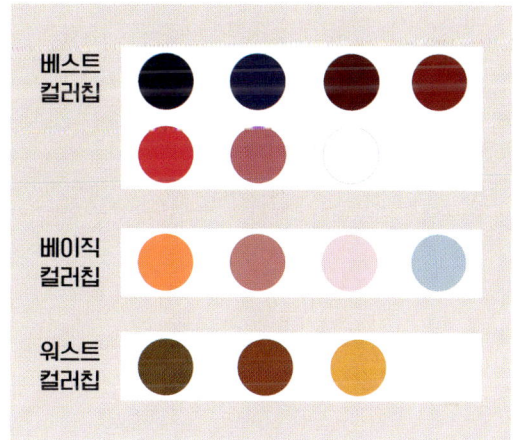

베스트
컬러칩

베이직
컬러칩

워스트
컬러칩

- ## 계절 타입
  겨울 브라이트 타입 = 쿨톤

- ## 피부 톤
  창백한 피부 + 붉은기 평균 이하 + 노란기 평균 이하 → 붉은기와 노란기 모두 떨어지는 창백한 피부

- ## 어울리는 컬러 특징
  ① 사파이어 블루, 레드, 레드핑크 계열이 매우 잘 어울림
  ② 립 발색 시 웜하게 발색되면서 더 밝게 발색되는 편
  ③ 여름의 파스텔 계열을 베이직으로 사용 가능
  ④ 노란기와 회색기가 많이 도는 컬러들이 워스트

- ## 베스트 색조 제품

① 더페이스샵
잉크래스팅
파운데이션 V103

② 헤라
글로우 래스팅
파운데이션 13N1

③ 롬앤
쥬시래스팅
틴트 12 체리밤

④ 맥
디포데인저

⑤ 어뮤즈
크림 치크 30

부록

먼지나방이 직접 사용하는 카메라 종류와
퍼스널 컬러를 진단할 때 사용하는 도구들을 소개합니다.

01

카메라 추천

제가 사용하는 카메라는 총 네 대 정도 됩니다. 각기 브랜드, 기계마다 매력이 달라 쓰는 용도가 전부 다릅니다. 많은 분들이 색감으로 카메라를 판단하는데, 사실상 로우 파일로 촬영하게 되면 라이트룸으로 후보정이 들어가기 때문에 카메라 브랜드나 기종의 의미가 없어집니다. 저는 스튜디오(실내) 촬영에서는 니콘을, 야외 촬영에서는 소니와 라이카를 선호합니다. 취미로 사진 촬영을 하는 분들에게는 주로 가볍게 사용할 수 있는 입문형 미러리스나 중급 풀프레임 DSLR 카메라를 추천합니다.

스스로 사진에 대한 열정이 얼만큼 있는지, 어떤 용도로 촬영을 하는지 생각해 보면 자신에게 맞는 적절한 카메라를 구매할 수 있을 겁니다.

니콘 D5

제가 사용하는 메인 카메라입니다. 니콘 D5의 장점은 고감도, 선명한 색감입니다. 특히 인물 사진을 주로 촬영하는 스토그래피 스튜디오와 가장 잘 맞는다는 느낌이 듭니다. 해당 모델로 ISO 25600까지 촬영을 해봤는데, 확실히 노이즈 현상이 현저히 떨어집니다. 이 카메라는 사진에 대한 열망이 강한 소비자라면 한번쯤은 구매해도 좋을 만한 카메라입니다.

니콘 D810

스튜디오에서 제품 스타일링 촬영이나 누끼 컷을 찍을 때 가장 많이 사용하는 기종 중 하나입니다. 풀프레임 바디이며 3600만 화소라는 고해상도의 높은 픽셀을 지원하기 때문에 인쇄용이거나 제품 촬영용으로 딱 좋은 기종입니다. 아쉬운 부분이 있다면, 촬영 결과물에 마젠타와 같은 핑크빛이 많이 감돕니다. 그 부분은 보정으로 커버되니 문제가 없지만, 혹 구매할 분들이 있다면 참고하기 바랍니다.

소니 A7M3

고성능임에도 불구하고 미러리스 같은 라이트한 느낌을 가지고 있는 카메라입니다. 가볍고 그립감이 좋아 야외에서 스냅 사진을 촬영하기에 적절합니다. 저처럼 인물 촬영을 주로 하는 사람들에게는 소니에 있는 Eye-AF 기능의 만족도가 높을 것입니다. 단, 배터리가 빨리 닳아 효율이 좋지 않습니다.

라이카 M-P240, 라이카 Q2

라이카 시리즈는 다양한 기종이 있는데, 제가 가지고 있는 것은 필름 그대로의 감성을 느끼게 해주는 M 시리즈입니다. 라이카 M-P는 필름 카메라 기종이며, 제가 쓰는 것은 필름 카메라의 감성을 가진 디지털 카메라입니다. 사실 라이카는 손이 잘 가지 않는 카메라인데요. 오롯이 수동으로 촬영을 해야 하기 때문입니다. 파인더를 보고 직접 초점을 맞춰가며 셔터를 눌러야 합니다. 대신 한 장 한 장 셔터를 누를 때마다 굉장히 신중해지죠. 라이카가 세계적인 명성을 가진 이유는 독일의 광학 기술로 만든 렌즈 덕택입니다. 라이카의 가격대가 높은 것은 바디와 렌즈가 모두 수작업으로 이루어져 내구성이 좋기 때문입니다. 특히 제가 라이카에 장착한 주미룩스 렌즈는 비구면 렌즈라 선예도가 뛰어나고 이미지 왜곡이 없다는 장점을 가지고 있습니다.

M-P240보다 하위 기종이지만 AF 모드에 렌즈가 바디에 고정되어 있는 카메라인 Q2도 가지고 있습니다. 4700만 화소에 동영상 4K 촬영도 가능하고 기본 75mm의 디지털 크롭과 함께 35mm, 50mm 크롭 버전의 프레임도 제공하여 다양한 화각이 나옵니다. 사실상 크롭 버전이라 사진이 잘린 것과 비슷하지만 AF 모드 때문에 M-P240 모델보다 평소에 손이 더 많이 가는 카메라입니다.

캐논 빅시아 미니 X

백종원 카메라라고 불리우는 캐논 빅시아의 가장 좋은 점은 배터리가 쉽게 닳지 않는다는 것과 발열 현상이 없다는 것, 그리고 스스로 보면서 촬영이 가능하다는 점입니다. 아쉽게도 현재 생산되지 않는 기종이라 아마존이나 중고 사이트에서만 볼 수 있습니다.

02

퍼스널 컬러 진단 도구

드레이핑 천

퍼스널 컬러를 진단하는 데는 드레이핑 천이 가장 중요합니다. 스토그래피
는 퍼스널 컬러 진단 시에 KS 색체계를 기준점으로 진단을 하고 있기에 직접
컬러를 엄선해 제작한 천을 사용하고 있습니다. 150여 개의 컬러로 이루어져
있으며 가격은 170만 원대에 구매할 수 있습니다. 드레이핑할 때는 피부색의
변화나 색이 반사됨에 따라 보이는 얼굴 형태, 그림자의 차이를 보고 퍼스널
컬러를 진단합니다. 진단에 필요한 빛은 날씨와 계절에 영향을 받지 않는 중
성 빛(95~100W)이 가장 좋습니다.

측색기

측색기는 두 가지를 사용하고 있습니다. 주로 사용하는 측색기는 CUBE라는 조그마한 기계입니다. 비교적 간단한 조작법과 휴대폰 어플리케이션을 통해 측색한 결과값을 실시간으로 볼 수 있습니다. 대신 CUBE로 피부 톤을 측색했을 때 피부 값에 대한 결과치가 '겨울이다', '봄이다'라고 나오는 것이 아니라 LAB 값을 토대로 수치가 나오게 되면, 그 결과값을 보고 어떠한 계절이 나올 확률이 높은지 직접 판단해야 합니다. 드레이핑을 하기 전 해당 작업을 통해 어떤 피부 컬러를 가지고 있는지 식별할 수 있는 기준점이 됩니다. 기계 측색뿐 아니라 육안으로 피부 톤에 대한 코멘트를 할 때도 도움이 됩니다.

헤어 컬러 팔레트

헤어 컬러 팔레트나 앞머리 가발이 있으면 헤어 컬러를 볼 때 아주 유용합니다. 헤어 차트는 컬러 차트가 있고 명도(레벨) 차트가 있습니다. 헤어숍마다 기준점이 다르니 원하는 차트를 구비하여 사용하도록 합니다.

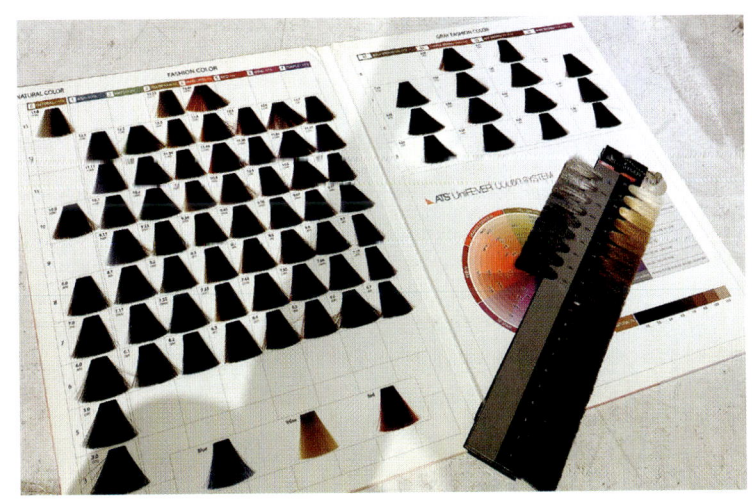

액세서리

스타일링에 관한 부분을 최대한 많이 전달하기 위해 목걸이, 귀걸이, 반지 등
다양한 액세서리를 구비해 놓고 있습니다.

계절별 화장품(파운데이션, 색조 제품)

저의 경우 유튜브를 운영하고 있다 보니 다양한 제품들을 협찬받고 있습니다. 자주 사용하는 제품들은 따로 파일링하여 정리해 놓고 컨설팅 시에 유용하게 쓰고 있습니다. 같은 타입이더라도 사람마다 범위가 다르기 때문에 브랜드별로 톤과 컬러를 분석해 놓고 꺼내 보기 쉽게 파일링해 두고 있습니다.

네이버 스마트 스토어 판매 교구

교구를 판매하는 업체들은 다양하게 있는데요. 스토그래피의 경우 네이버 스마트 스토어에서 퍼스널 컬러 진단과 골격 분석을 위해 필요한 다양한 교구들을 판매하고 있습니다. 드레이핑 천의 경우 퍼스널 컬러 진단 시 가장 필요한 상품이기 때문에 기본적으로 꼭 갖추어야 할 교구라고 할 수 있습니다. 책에 소개해둔 것들이 모두 필요한 건 아니지만 진단을 오래 하다보면 생각지도 못한 교구들이 생겨나기도 하니 본인에게 필요한 부분만 참고하여 구매해 보도록 하세요.

체크 패턴

봄, 여름, 가을, 겨울의 사계절과 브라이트, 라이트, 뮤트, 딥, 다크와 같은 세부 타입의 대비감을 볼 수 있는 패턴 교구입니다. 실제로 각 퍼스널 컬러 타입에 따라 어울리는 대비감이 다르기 때문에 패턴이 있는 옷을 입지 않더라도 퍼스널 컬러 진단과 함께한다면 훨씬 더 큰 시너지 효과가 납니다.

체크 패턴이 잘 어울리는 사람들은 대부분 직선적인 요소들이 잘 어울리기 때문에 스타일링적인 부분도 함께 코칭할 수 있으며, 웜/쿨에 치우치지 않은 흑백 체크 패턴을 통해 소/중/대/특대 사이즈 중에서 가장 조화로운 패턴을 추천할 수 있습니다.

미니 퍼스널 컬러 진단지

KS 차트를 넣어 퍼스널 컬러의 기준점이 되는 가이드 라인을 제시해주는 미니 진단지입니다. 한손에 쏙 들어오는 사이즈라 외부 강의나 세미나, 특강 시가볍게 사람들에게 나누어 주기 좋습니다. 컬러 칩이 인쇄되어 있기 때문에 색채에 대한 이해를 돕고 퍼스널 컬러 진단의 활용도를 높여줍니다.

퍼스널 컬러 진단지

퍼스널 컬러를 진단하고 나면 받은 사람 입장에서는 진단 시 컨설턴트가 했던 말들이 모두 기억 나지 않을 수 있기 때문에 기본적인 퍼스널 컬러에 대한 정보를 적어 고객들에게 제공해줄 수 있는 진단지가 필요합니다. 퍼스널 컬러의 기본인 필수 요소는 물론, 주얼리 컬러, 헤어 컬러, 레벨 패턴, 향수 추천 등 퀄리티 있는 코칭이 가능할 수 있게 되어 있는 교구입니다.

메이크업 진단지

메이크업은 퍼스널 컬러와 아주 밀접한 관련이 있는데, 메이크업 레슨 시 해당 진단지가 있다면 양질의 정보를 제공할 수 있습니다. 실질적으로 도움이 될 수 있는 퍼스널 컬러, 얼굴형, 메이크업 디테일 등 다양한 고민 해결에 도움을 줄 수 있는 교구입니다.

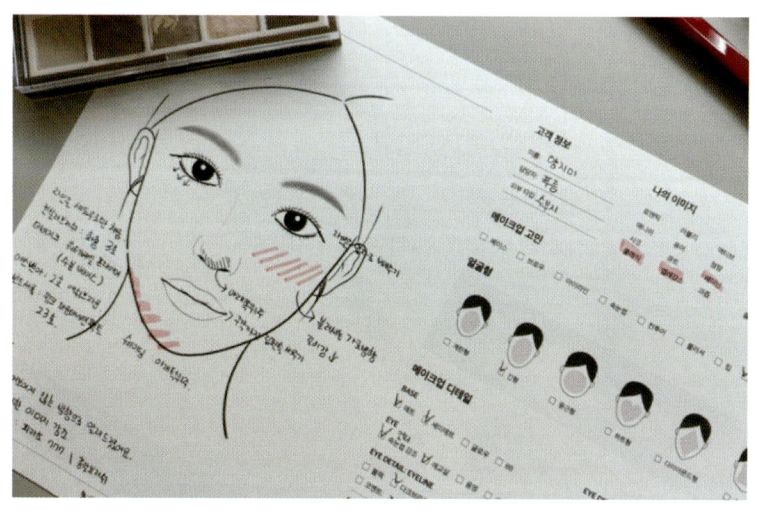

웨딩 컨설팅, 한복 컬러 보드

실제 한복에 사용되는 원단 스와치를 사용하여 고객에게 직관적이고 현실에 가장 가까운 컬러를 제공할 수 있습니다. 웨딩 컨설팅에 최적화된 한복 컬러를 제공함으로써 결혼식 때 입을 수 있는 신랑, 신부 한복 및 혼주 한복까지 컬러들을 선정하여 보드에 담아둔 교구입니다.

먼지나방의 **퍼스널 컬러**

1판 1쇄 발행 2024년 8월 16일
1판 2쇄 발행 2024년 9월 19일

저   자 | 김지현
발 행 인 | 김길수
발 행 처 | ㈜영진닷컴
주   소 | ㈜08512 서울특별시 금천구 디지털로9길 32
          갑을그레이트밸리 B동 1001호
등   록 | 2007. 4. 27. 제16-4189호

©2024. ㈜영진닷컴

ISBN | 978-89-314-6699-7

YoungJin.com **Y.**
영진닷컴